KB161136

픽셀클로젯의

말랑말랑 솜인형 옷 만들기

픽셀클로젯의
말랑말랑 솜인형 옷 만들기

1판 1쇄 발행 2023년 7월 5일
1판 3쇄 발행 2024년 10월 11일

지은이 고홍현
펴낸이 김기옥

실용본부장 박재성
편집 실용 2팀 이나리, 장윤선
마케터 이지수
지원 고광현, 김형식

사진 한정수(studio etc. 010-6232-8725)
모델 솜인형 협력
노아-디자이너, 공구주: 허도윤
멜팅-디자이너: 요령(yoyosomsom), 공구주: 온묘(13th_rabbit)
미레-디자이너, 공구주: 온묘(13th_rabbit)
미유키-디자이너: 먐마, 공구주: Janne
일라-디자이너, 공구주: 젤리

디자인 ALL designgroup
인쇄·제본 민언 프린텍

펴낸곳 한스미디어(한즈미디어㈜)
주소 121-839 서울시 마포구 양화로 11길 13(서교동, 강원빌딩 5층)
전화 02-707-0337 | **팩스** 02-707-0198 | **홈페이지** www.hansmedia.com
출판신고번호 제313-2003-227호 | **신고일자** 2003년 6월 25일

ISBN 979-11-6007-940-1 13590

픽셀클로젯의

말랑말랑 솜인형 옷 만들기

픽셀클로젯(고홍현) 지음

hansmedia

prologue

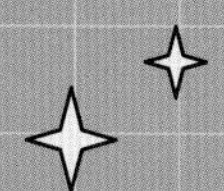

어느 날 작고 말랑한 솜인형이 택배 봉투를 입고 우리 집에 찾아왔습니다. 헐벗은 솜인형에게 옷을 입혀줘야 할 것 같아 반짇고리를 꺼냈어요. 바느질이라고는 학창 시절 수업 시간에 해본 필통 만들기와 떨어진 단추 달기가 전부였지만 귀여운 인형에게 예쁜 옷을 입히고 싶어 용기를 내 도전했습니다.

인형 옷 만들기에 좋은 원단과 부자재를 찾기가 어려워 엉뚱한 것들을 구매하기도 했고 재봉틀도 익숙지 않아 원단을 버리기 일쑤였습니다. 기본 지식도 없는 상태로 얼렁뚱땅 만들다 보니 일주일이나 걸린 원피스가 마음에 들지 않아 버리기도 했지요. 될 때까지 해본다는 남다른 고집으로 패턴 수정을 반복해 결국 인형에게 꼭 맞는 옷을 완성했습니다.

제게 인형 옷 만들기는 새로운 지식의 세계에 순수한 열정을 가지고 빠지게 되는 매력적인 일입니다. 어떤 디자인의 옷을 만들지 고민하고, 계절에 맞는 인형 옷을 짓기 위해 신상 원단을 장바구니에 담는 등의 순간에서 큰 즐거움을 느끼거든요. 그중에서도 최고의 힐링은 내 인형에게 직접 만든 옷을 입히고 귀여운 모습을 만끽하는 일입니다.

이 책은 인형 옷을 처음 만들었을 때의 저처럼 재봉에 대해 전혀 모르는 분들을 위해 썼습니다. 어떤 종류의 원단과 부자재가 있고, 그중 어떤 것을 선택하는 것이 좋은지 하나하나 알려드리고자 노력했습니다. 인형에 맞는 패턴을 직접 제작해 보고 원하는 방향으로 수정할 수 있도록 팁도 알차게 넣었습니다. 초보 시절의 제가 한 실수를 겪지 않도록 최대한 쉽고 자세하게 담았으니 여러분도 귀여운 인형 옷 만들기를 즐겨주세요. 초보자가 만들기 좋은 기본 아이템부터 제작 난이도가 있는 인형 옷까지 순서대로 수록해 차근차근 따라가 인형 옷 만드는 능력을 키우는 것도 좋고, 만들고 싶은 옷을 골라 변형해 더 멋진 작품으로 만드는 것도 모두 좋습니다! 그럼, 이제 본격적으로 시작해 볼까요?

contents

Stage 1

인형 옷을 만들기 전에

Stage 2

옷 만들기 베이직 레슨

Stage 3

초보자도 뚝딱! 기본 아이템

Stage 4

솜뭉치의 데일리 룩

Stage 5

계절별 솜뭉치 코디

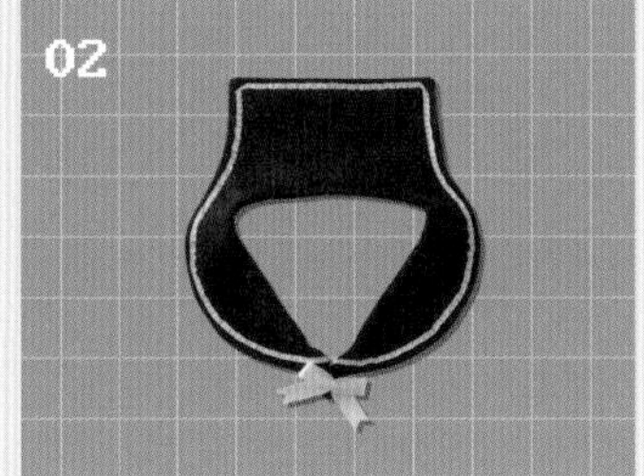

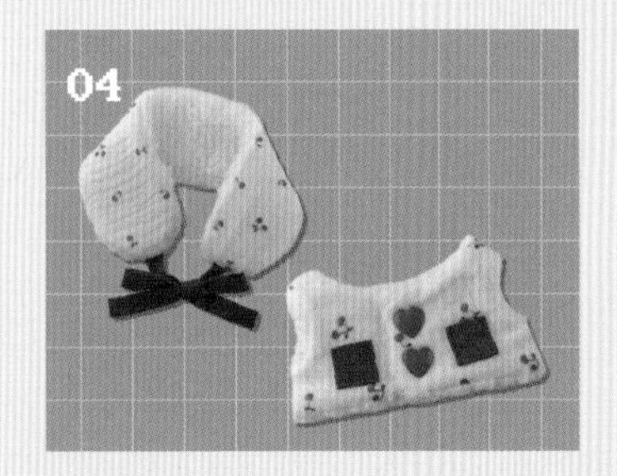

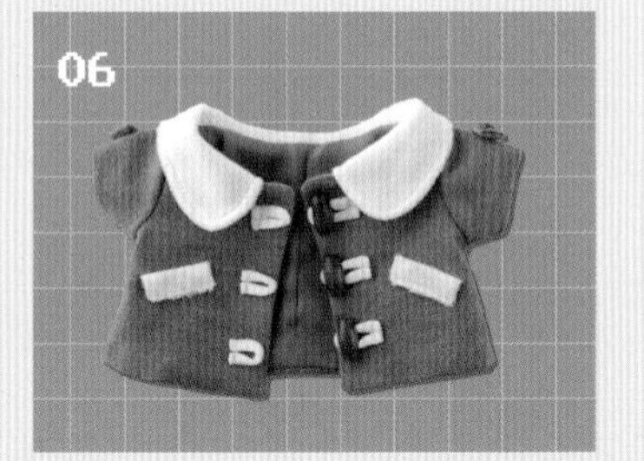

Stage 6

특별한 날을 위한 솜뭉치 룩

Stage 7

맞춤 도안 만들기

후드티 | How to make 76p

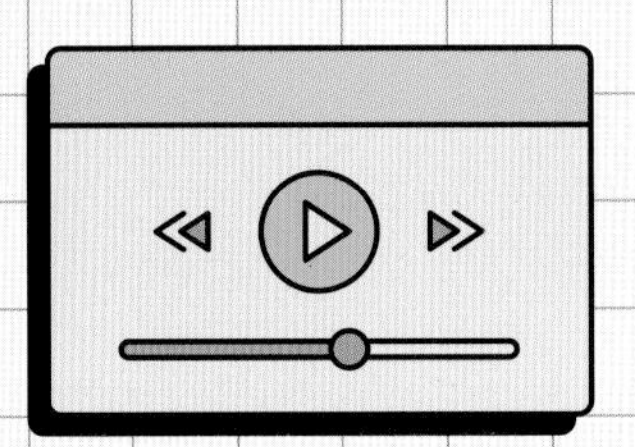

멜빵바지 | How to make 80p

맨투맨 How to make 72p
MALANG
Semmoongchi
VOLUME
LINE IN
PHONO
USB/SD
TONE
ON/OFF
60

야구 모자 How to make 92p

바지 How to make 58p

Your photo

100-day planner
EASY English
EASY English

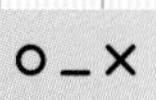

정장 재킷 How to make 128p
셔츠 How to make 66p
테니스 스커트 How to make 84p

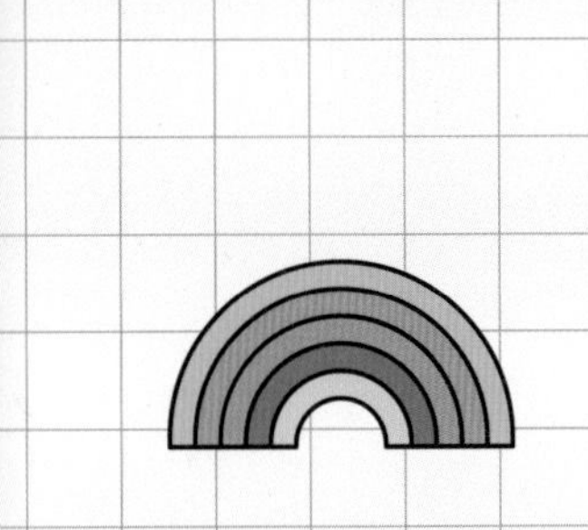

라운드 티

How to make 56p

세라 칼라 상의

How to make 100p

베레모 **How to make 108p**

분리형 세라 칼라 **How to make 104p**

양면 털조끼 How to make 113p

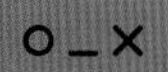

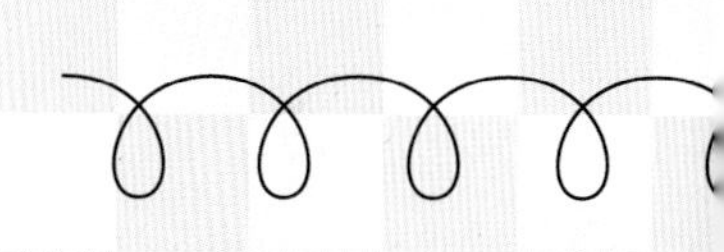

귀도리 How to make 115p o_x

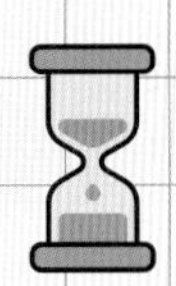

스타디움 재킷 How to make 88p

넥폴라티 How to make 116p

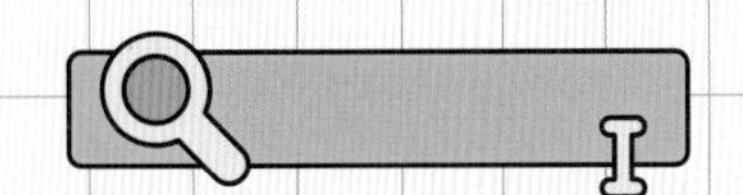

88

보닛 How to make 136p
민소매 원피스 How to make 62p

러블리 드레스 How to make 132p ㅇ_×

산타 의상(모자, 상의, 바지) How to make 140p

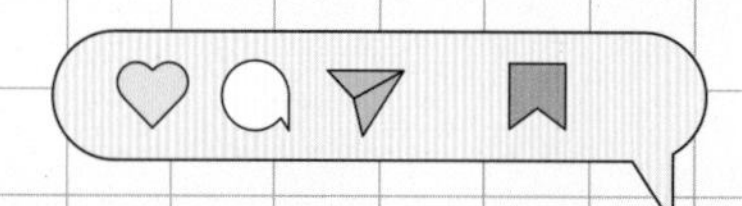

도포&술띠 How to make 146p

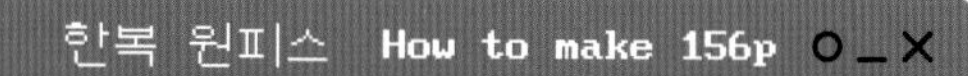

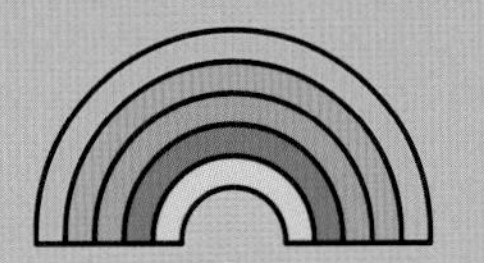

인형 옷을 만들기 전에

EASY
English
2-4 som

01 인형 옷을 만들기 전에

솜인형의 특징

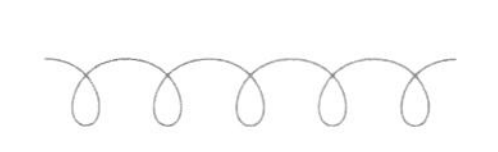

1 SD(Super Deformation) 형태

솜인형은 실제 사람의 비율과 다른, 변형된 모양입니다.
솜인형은 손, 발이 둥근 형태로 생략되어 있고 어깨와 목이 없는 경우가 많아요.
또 머리가 크고 몸이 작기 때문에 사람처럼 옷을 머리부터 넣어 입힐 수 없습니다. 따라서 하체에 넣어서 입히거나 벨크로 등의 여밈 부분이 있는 옷을 만들어야 합니다.

2 솜, 원단 소재

폭신폭신한 솜으로 이루어진 솜인형은 살짝 작은 옷이라도 몸을 눌러가며 입힐 수도 있습니다. 대신 오염과 이염에 취약하니 옷 원단을 고를 때 주의하세요.

3 무관절

옷을 만들 때 활동성이나 움직임을 고려하지 않아도 됩니다.
(관절이 있는 솜인형은 예외입니다!)

인형 옷을 만들기 전에

02 재료와 도구

꼭 필요한 준비물

1 실 이 책에서는 코아사(45수 2합), 재봉사(60수 3합, 60수 2합)를 주로 사용합니다. 코아사는 잘 끊어지지 않고 튼튼해서 두루 사용하고, 얇은 원단을 사용하거나 실이 눈에 띄지 않기를 원할 때는 재봉사를 사용합니다. 늘어나는 원단(다이마루, 니트 등)에는 스판사와 날라리사를 사용합니다. 흰색과 검정색은 자주 사용하므로 1500~3000m 실을 구비하면 좋고, 그 외의 색상들은 600m 실로 구매해도 충분합니다.

2 바늘 손바느질용으로 자수, 퀼트용 바늘을 사용합니다. 취향에 따라 길쭉하거나 바늘구멍이 큰 바늘을 사용해도 좋습니다.

3 원단 신축성 유무, 패턴, 색상, 두께 등에 따라 다양한 원단을 선택할 수 있습니다. 더 자세한 내용은 38p를 참고해 주세요.

4 가위 원단을 자를 때는 재단용 가위를 사용합니다. 원단이 아닌 것을 자르면 날이 빨리 상하니 도안(종이)을 자르는 가위와 구분해서 사용합니다.

5 초크 원단에 완성선, 시접선을 따라 그릴 때 사용하는 도구입니다.

- **기화펜** 일정 시간이 지나면 그린 자국이 사라지는 펜. 물로도 잘 지워집니다.
- **수성펜** 물로 지워지는 펜입니다.
- **열펜** 뜨거운 온도에서 지워지는 펜입니다. 선이 가늘고 사용하기 편해서 추천합니다. 다리미, 드라이기, 고데기 등을 함께 사용합니다.

6 시침핀 원단을 임시로 고정할 때 사용하는 가는 핀입니다. 핀이 가늘수록 원단이 덜 상합니다. 머리가 달리고 긴 것이 핀을 꽂고 뺄 때 편합니다.

7 다리미 열펜을 지우거나 구겨진 원단의 주름을 펼 때, 원단의 각을 잡을 때, 접착심지나 열접착 테이프(핫멜트 테이프) 혹은 핫픽스를 붙일 때 사용합니다. 원단에 따라 온도를 조절해서 사용합니다. 고데기로 대체 가능합니다.

21
15
16
17
1
18
14
6
2
20
8
5
12
4
10
ピケ
Piqué
ドライ・洗たくOK
ほつれ止め
NARA
PATCHWORK RULER
MOA-15
MADE IN KOREA

※ 특별히 추천하는 아이템

패턴을 제도할 때

⑧ **필기도구** 샤프, 지우개, 풀, 종이 등.

⑨ **컴퍼스** 원을 그릴 때 사용합니다.

⑩ **줄자, 자, 곡선자, 시접자** 솜인형의 치수를 측정할 때는 줄자를, 도안을 수정하고 그릴 때는 일반 사무용 자를 사용합니다. 곡선자가 있으면 곡선을 편하게 그릴 수 있습니다. 시접자를 사용하면 3, 5, 7mm 등 자주 사용하는 너비의 시접을 쉽게 그릴 수 있습니다.

⑪ **트레이싱지** 반투명한 종이로 쉽게 도안을 옮길 수 있습니다.

특수한 인형 옷을 만들 때

⑫ **고무줄** 인형이 작기 때문에 이 책에서는 너비가 1cm 이하인 고무줄을 주로 사용합니다. 허리가 고무줄인 하의를 만들거나 자연스러운 주름을 만들 때, 액세서리 등의 소품을 만들 때 사용합니다.

⑬ **접착심지, 접착솜** 원단의 뒷면에 다림질로 붙여 원단에 두께감과 탄탄함을 더할 수 있습니다. 흐물거리는 원단에 붙여 재봉 과정을 한결 수월하게 만들거나 속이 비칠 정도로 얇은 원단의 안감으로 사용하기도 합니다. 아사 심지, 실크 심지, 가방 심지, 커튼 심지 등 용도에 따라 다양하게 선택할 수 있습니다. 접착솜도 여러 두께가 있어 필요에 따라 선택해서 사용합니다.

여밈의 방식에 따라

⑭ **벨크로(찍찍이)** 접착제가 붙어있지 않은 얇은 재봉용 벨크로를 추천합니다. 암수 세트(까끌한 것과 보들한 것)로 구비해야 합니다.

⑮ **스냅단추(똑딱이 단추)** 단추를 잠그면 옷 겉면에서 보이지 않는 단추입니다. 이 책에서는 지름 5~10mm 크기를 주로 사용합니다. 손바느질로 옷에 부착합니다.

⑯ **가시도트(똑딱이 단추)** 가시도트 전용 기구(혹은 아일렛 겸용)를 사용해 달 수 있는 단추입니다. 이 책에서는 지름 7~11mm 크기를 주로 사용합니다. 뚜껑이 있는 버전은 뚜껑 모양이, 뚜껑이 없는 버전은 금속링 모양이 옷 겉면으로 드러납니다.

⑰ **썬그립, T단추(똑딱이 단추)** T단추 전용 기구를 사용하여 달 수 있는 단추입니다. 이 책에서는 지름 9~11mm 크기를 주로 사용합니다. 단추 뚜껑이 옷 겉면으로 드러납니다.

⑱ **지퍼** 가장 작은 크기의 지퍼를 사용합니다. 소품용으로 많이 쓰이는 '3호 지퍼'나 '인형용 지퍼' 혹은 '미니 지퍼'를 추천합니다.

⑲ **자석** 링 형태의 소형 네오디움 자석을 추천합니다. 손바느질해 고정하면 옷 겉면에서는 전혀 보이지 않게 마감할 수 있습니다. 열고 닫을 때 힘을 주어 당겨야 하는 똑딱이 단추와 달리 원단에 가해지는 힘이 적습니다. 외경 6.5mm, 내경 2mm, 두께 1mm로 매우 작지만 강력한 자성이 있어 보관에 주의가 필요합니다.

장식할 때

⑳ **리본, 끈** 후드티의 줄이나 의상 장식, 액세서리 등에 사용합니다. 리본은 골직, 공단(주자), 양면 공단(양면 주자), 실크, 벨벳 등 다양한 소재와 디자인이 있습니다.

㉑ **단추** 단춧구멍을 만들어 실제로 옷을 여밀 때 사용할 수도 있지만 인형 옷은 크기가 너무 작아 보통 장식용으로 사용하는 편입니다. 지름 4~10mm 크기를 주로 사용하며 손바느질로 옷에 고정합니다.

㉒ **핫픽스** 다림질로 붙일 수 있는 장식입니다. 금속 징, 단추 느낌을 낼 수 있습니다. 인형 옷 크기에도 적당하고 소량씩 구매할 수 있는 네일아트용 핫픽스를 추천합니다.

㉓ **열전사지** 원하는 이미지를 옷에 붙일 수 있습니다. 열전사지에 출력해 원단에 올린 후 다림질하면 옷에 이미지가 옮겨집니다.

작업 시간을 단축해주는 아이템!

시접라이너 도안에 맞춰 잘라둔 옷감의 외곽을 따라 시접을 쉽게 그릴 수 있는 도구입니다.

열접착 테이프(핫멜트 테이프) 원단끼리 붙일 때 사용합니다. 원단 사이에 붙이고 다림질을 하면 접착제가 녹아 서로 붙습니다. 연습용 옷을 만들거나 바늘땀이 겉에서 보이지 않게 하고 싶을 때 종종 사용합니다.

원단용 본드 열접착 테이프와 같은 용도로 사용합니다. 수용성의 경우 시침핀 대신 사용하고 세탁하면 지워져서 깔끔하고 편합니다.

원단 고정용 풀 수용성 원단용 본드와 같은 용도로 사용합니다. 시침핀을 꽂기 애매할 때 소량의 풀을 묻혀 고정합니다. 물로 헹구면 지울 수 있습니다. 문구점에서 흔하게 판매하는 딱풀로 대체 가능합니다.

헤라(시접 룰렛, 시접단용 헤라) 원단을 적은 힘으로 깔끔하게 접을 수 있습니다.

재단칼(원형 재단칼, 원형 커터) 자르고자 하는 원단이 직선으로 길거나 여러 장일 때 한번에 자를 수 있습니다.

재단용 자(그레이딩 자) 여백 없이 모눈이 그려진 자입니다. 두께가 있어 재단칼과 함께 사용하기 좋습니다.

핑킹가위 올풀림 방지, 가위집 만들기 등 다양하게 활용할 수 있는 가위입니다.

실 끼우개 손바느질용 바늘에 실을 쉽게 끼울 수 있도록 도와주는 아이템입니다.

고무줄 끼우개 고무줄 바지나 후드 끈을 쉽게 끼울 수 있도록 도와주는 아이템입니다.

쪽가위 간편하게 실을 자를 수 있는 가위입니다.

실뜯개 원단이 상하지 않게 실만 골라 자를 수 있는 도구입니다. 잘못된 박음질을 뜯거나 원단에 구멍을 뚫는 용도로 사용합니다.

겸자 옷감을 편하게 뒤집을 수 있는 도구입니다.

핀셋 겸자로 옷감을 뒤집은 후 모서리 부분의 각을 잡아줄 때 편리하게 사용할 수 있습니다.

재봉틀 - 본봉 손바느질보다 빠르고 튼튼하게 박음질을 할 수 있습니다. 브랜드와 기능에 따라 가격이 다양하므로 꼭 필요한 기능이 무엇인지 고민해보고 구매를 결정합니다.

작품의 퀄리티가 올라가는 아이템!

올풀림 방지액 원단 끝에 바르면 본드처럼 굳어지며 올이 풀리지 않습니다. 다만 얼룩처럼 자국이 남으니 적당량만 사용합니다.

재봉틀 - 오버록 원단의 올이 풀리지 않도록 원단 가장자리를 실로 마감할 수 있습니다.

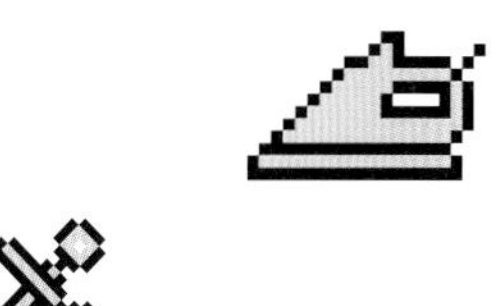

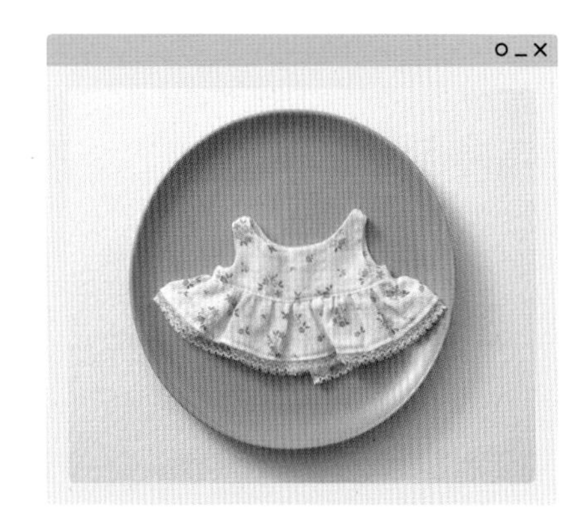

03 원단

원단은 천가게, 인패브릭, 선퀼트, 네스홈, 패션스타트 등의 쇼핑몰에서 구매할 수 있습니다. 상품명을 보면 두께, 소재, 직조와 가공 방식을 알 수 있습니다. 무늬가 있는 원단을 사용하고 싶은 경우 인형에게 적당한 크기의 무늬인지 꼭 확인해보세요. 리얼패브릭에서는 원하는 무늬로 원단을 주문 제작할 수 있습니다.

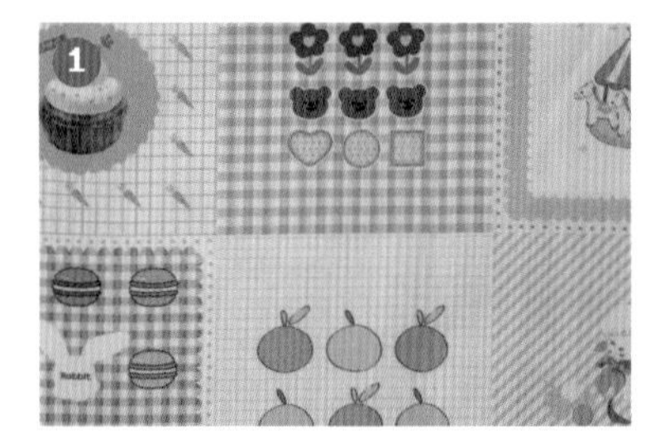

20~40수 평직 나염(날염)·DTP(디지털프린트)

면(Cotton) 100%

홈소잉에서 가장 보편적으로 사용하는 원단입니다. '평직'은 가로세로로 한 올씩 엮어 짜인 편물을 뜻하고, '나염'은 염료 등으로 원단 위에 이미지를 인쇄했음을 뜻합니다.

면 혼방(TC)

면(Cotton) 35%, 폴리에스터(Polyester) 65%

인형옷을 만들 때 가장 추천하는 단색 원단입니다. 얇지만 탄탄하며 비침이 적습니다. 폴리에스터 혼용률이 높아 구김도 덜하고 면 100% 원단보다 상대적으로 저렴합니다.

30수 평직 선염 워싱

면(Cotton) 100%

'선염'은 색이 있는 실로 짠 원단을 말합니다. 이 경우 원단에 있는 무늬는 '나염'과 다르게 인쇄된 것이 아니라 실 색에 의해 생긴 것입니다. '워싱'은 자연스러운 구김과 색상, 감촉을 위해 가공 처리를 했음을 뜻합니다.

10수 트윌 기모

면(Cotton) 100%

'트윌'이란 '평직'과 달리 사선으로 짜인 원단입니다. '기모'는 원단 표면에 보풀을 만드는 기모 워싱을 했음을 뜻합니다. 포근한 촉감이 중요한 겨울용 옷을 만들 때 추천합니다.

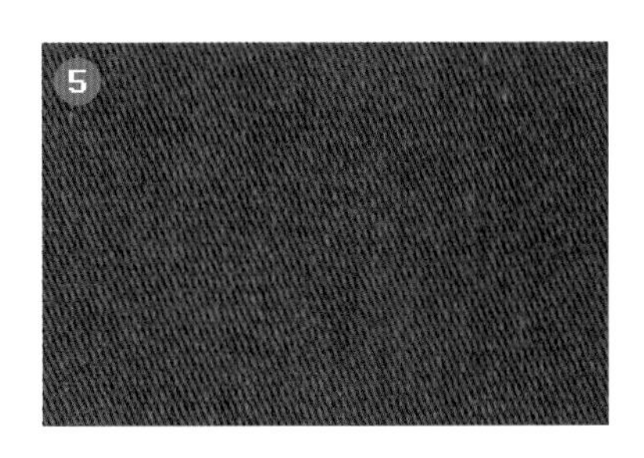

20수 트윌 바이오워싱

면(Cotton) 100%

'바이오워싱' 원단은 고온에서 삶는 방식의 가공을 거치기 때문에 어두운 색도 부담 없이 고를 수 있습니다. 어두운 색의 옷을 만들고 싶은데 물 빠짐이 걱정된다면 워싱된 트윌을 추천합니다.

울피치

폴리에스터(Polyester) 100%

여성용 블라우스와 원피스에 자주 사용되는 원단입니다. 부드럽고 유연한데 재봉이 어렵지 않아 쉬폰 대신 사용하기 좋습니다. 원단이 얇은 편이라 뒷면에 실크 심지를 붙여 탄탄함을 더하기도 합니다.

폴리 안감(다후다)

폴리에스터(Polyester) 100%

안감으로 두루 사용되는 원단으로 사람 옷처럼 완성도 있게 만들고 싶을 때 사용합니다. 다만 올이 잘 풀리고 흐물거리는 원단이라 많은 주의를 요합니다.

미니 쭈리

면(Cotton) 100%

쭈리보다 더 얇은 다이마루로 신축성 있는 옷을 만들 때 쓰기 좋은 원단입니다. 뒷면에는 고리 모양의 짜임이 있어 앞뒤를 구분하기 쉽습니다.

30수 시보리(립)

면(Cotton) 95%, 폴리에스터(Polyester) 5%

탄성이 있는 원단으로 맨투맨의 목과 소매 부분에 쓰기 좋습니다. 골지 무늬가 잘 보이는 것을 원하면 '립직'을 선택하세요. 원단을 푸서 방향(가로)로 당겼을 때 골지 사이 반짝이는 폴리스판사가 보이는 쪽이 뒷면입니다.

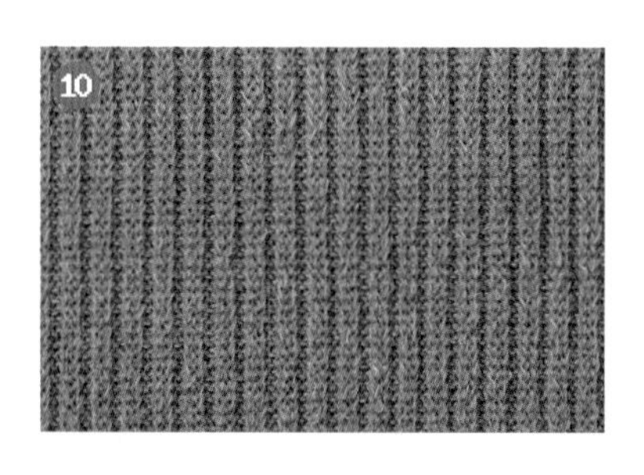

아크릴 혼방 니트
아크릴, 폴리에스터 등

겨울 스웨터를 떠올리게 하는 원단입니다. 인형에게 적합한 밀도와 두께로 선택합니다.

양단(모본단, 폴리/화섬 양단)
폴리에스터(Polyester) 100%

광택이 있는 한복지로, 실크로 만들어진 고급 한복지보다 저렴합니다. 열처리 마감과 물 세탁이 가능합니다.

단면 극세사
폴리에스터(Polyester) 100%

뽀글뽀글한 양털보다 털 길이가 짧고 원단 두께가 얇아 옷을 만들 때 편합니다. 재단하기 전에 털이 눕는 방향을 미리 확인하고 사용합니다.

단면 양털(보아)
폴리에스터(Polyester) 100%

겉면에만 털이 있는 원단입니다. 만드는 과정에서 털이 많이 날릴 수 있습니다.

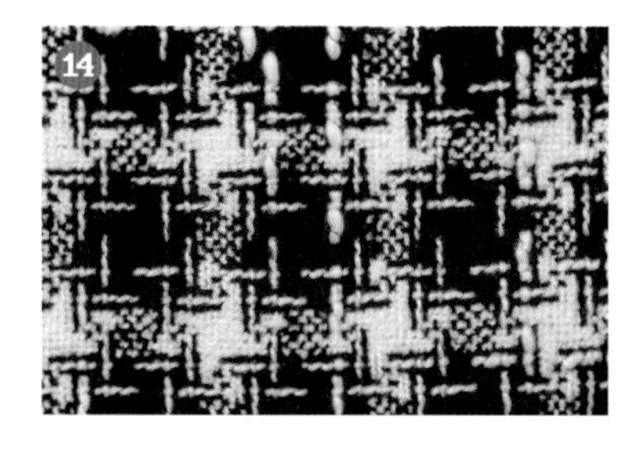

트위드
폴리에스터(Polyester) 100%

재질이 독특해 포인트가 되는 겨울 옷에 사용하기 좋은 원단입니다. 두께가 얇은 것을 찾기 어렵고 다른 원단에 비해 비싸지만 고급스러운 분위기를 낼 수 있습니다.

tip » 원단 기본 지식

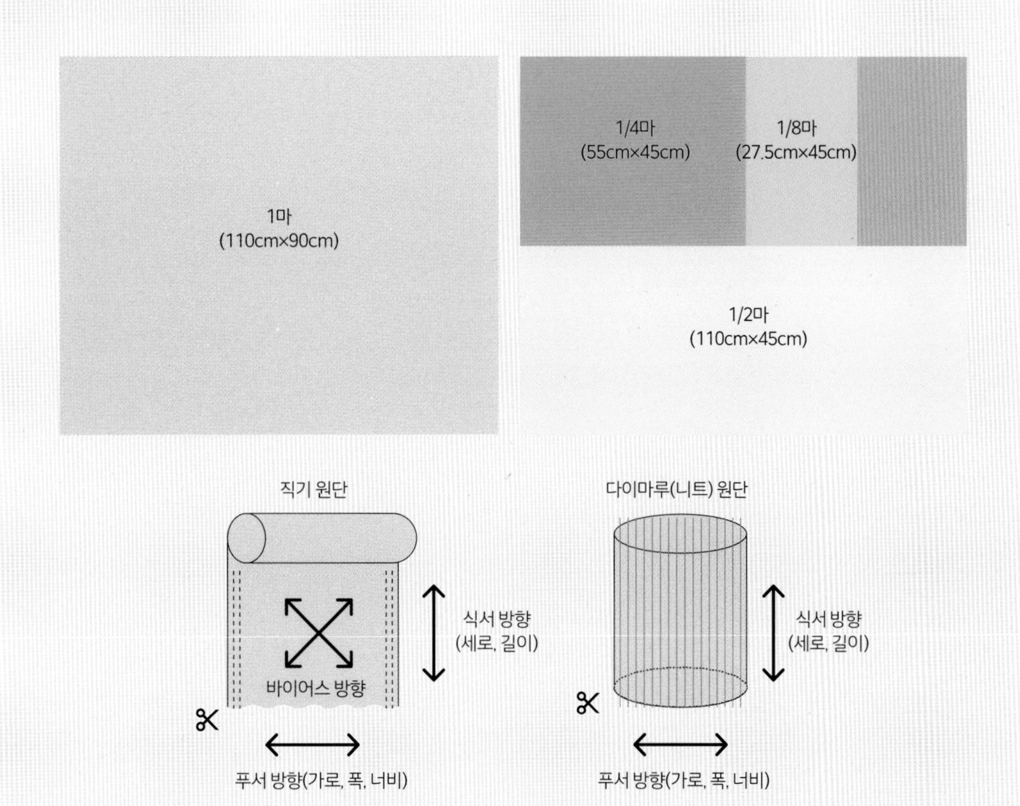

원단의 단위는 '마(=야드)'이며, 1마의 길이는 90cm(또는 91cm)입니다.
원단 너비는 보통 '소폭 / 대폭 / 광폭'이라고 부릅니다.
소폭은 110cm, 대폭은 130~160cm, 광폭은 커튼을 만들 수 있을 만큼 넓은 300cm 정도의 너비를 말합니다.
그래서 소폭 원단 2마라고 한다면 폭은 110cm, 길이가 180cm인 원단을 말합니다.
다이마루나 니트 원단의 경우 원통형으로 판매하기도 하는데, 이때 원통 둘레가 가로(폭)입니다.

- 식서 방향: 신축성 거의 없음
- 푸서 방향: 식서 방향보다 살짝 신축성이 있음
- 바이어스 방향: 신축성이 좋음

이 책의 패턴에는 원단의 세로방향인 식서 방향을 '↕'모양으로 표시했습니다.
사람 옷과 달리 인형 옷은 움직임, 세탁에 의한 변형 등이 비교적 덜하기 때문에 디자인에 따라 원단 방향을 결정해도 크게 문제가 되지 않습니다.
하지만 대체로 원단의 방향을 올바르게 두고 옷을 만들면 작품의 완성도를 높일 수 있습니다.

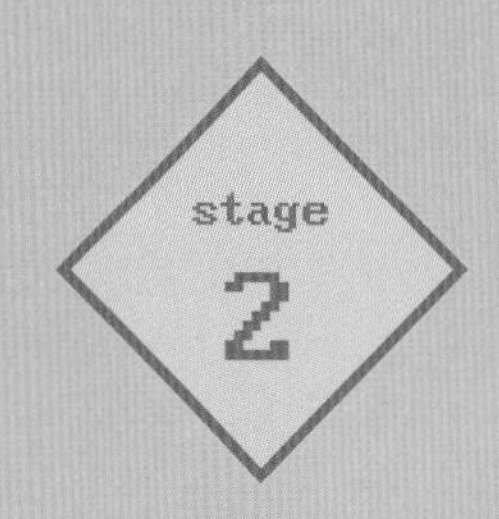

옷 만들기 베이직 레슨

01 옷 만들기 베이직 레슨

도안(패턴) 읽기

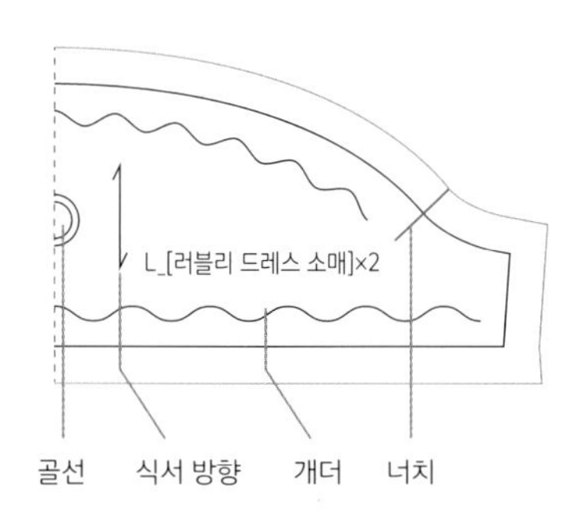

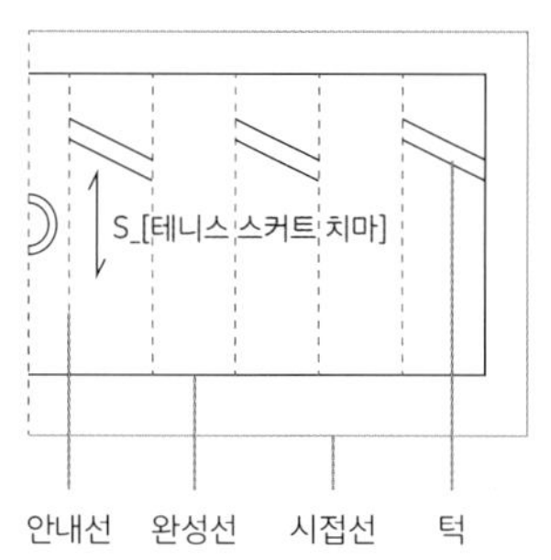

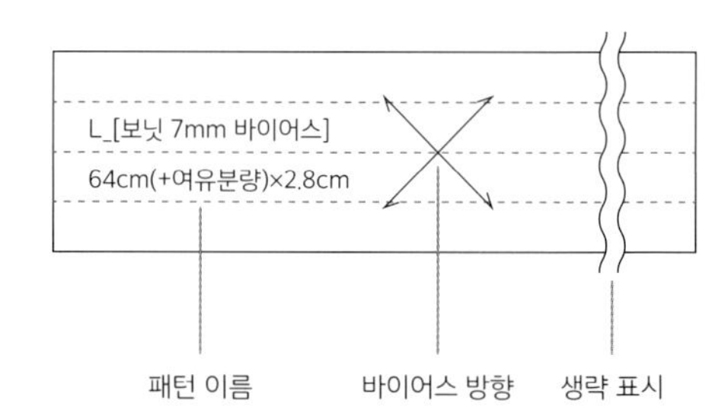

완성선 옷이 완성되었을 때 가장자리를 표시한 선. 다른 패턴과 연결되는 경우, 박음질할 경로이기도 합니다.

시접선 원단을 자를 때 따르는 선. 완성선대로 박음질할 때 필요한 시접의 양을 표시한 선입니다.

안내선 중심선, 접는 선 등 재봉 과정에서 필요한 보조선.

너치 원단과 원단을 이을 때 완성선끼리 맞대기 쉽도록 편의상 표시하는 기준선.

다트 평면인 도안을 입체인 옷으로 만들기 위해 옷감을 겹쳐 줄이는 부분.

골선 골선 기호가 붙은 안내선을 기준으로 반대편 모양이 생략되었음을 의미합니다. 골선이 나오면 반대편에 대칭인 도안을 그립니다.

식서 방향 원단의 세로 방향인 식서 방향을 표시한 기호.

턱 테니스 스커트 같이 주름(플리츠)을 접을 부분과 방향을 표시한 기호. 선과 선 사이에 사선이 그어져 있는데, 사선의 높은 쪽에서 낮은 쪽으로 접습니다.

개더 주름 잡을 곳을 표시하는 기호. 큰 땀으로 홈질한 후 실을 잡아 당기면 주름이 쉽게 만들어집니다.

패턴 이름 의상명, 사이즈, 겉 / 안 표시, 패턴 조각의 이름(몸판 F, 몸판 B, 소매 등)으로 구성되어 해당 도안 조각의 정보를 표시합니다. 이 책에서는 F는 앞판을, B는 뒷판을 의미합니다. '×2' 표시가 있을 경우, 해당 도안을 좌우대칭 시켜 2장을 재단합니다.

생략 표시 도안이 너무 긴 경우, 반복되는 부분을 생략할 때 쓰는 기호. 물결 사이의 도안은 바로 양옆의 선을 연장한 것과 동일합니다. 생략 표시가 있으면 도안을 그대로 옮기지 말고 도안에 쓰인 치수(너비×높이)를 참고해서 생략된 부분까지 재단합니다.

옷 만들기 베이직 레슨

02 재단하기

1 도안 위에 트레이싱지를 대고 따라 그리거나 복사기를 사용해 도안을 복사합니다.
2 복사하거나 따라 그린 도안을 원단 식서 방향을 맞춰 안쪽면에 올립니다.
3 초크로 완성선 혹은 시접선을 표시합니다. 재봉이 능숙하면 시접 분량에 대한 감이 있어 완성선 없이 시접선만 있어도 완성선을 가늠할 수 있습니다. 완성선을 맞추는 것을 더 중요하게 생각한다면 완성선만 그리고 노루발 너비에 맞춰 시접은 적당히 자릅니다. 재봉이 익숙하지 않은 초보자라면 시접선대로 자른 패턴 1장, 완성선대로 자른 패턴 1장을 준비해 완성선과 시접선을 모두 표시하는 것이 좋습니다.
4 안내선으로 표시된 패턴의 중심선과 너치도 함께 표시합니다.

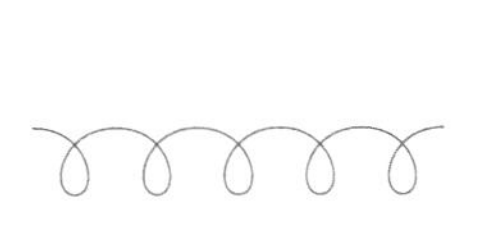

옷 만들기 베이직 레슨

03 기초 재봉 용어

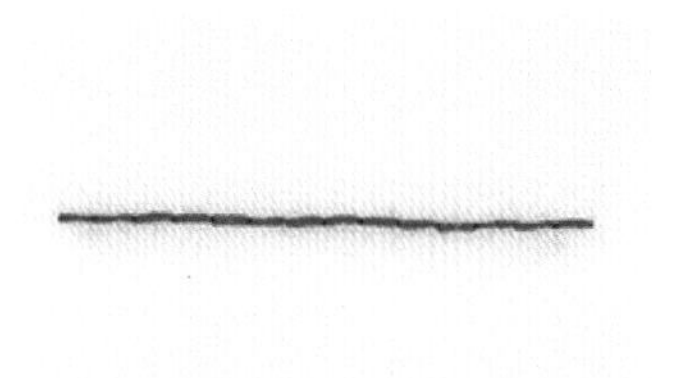

박음질(백 스티치)

패턴 조각을 연결하는 기본 바느질 기법. 완성선을 따라 진행하며 땀의 너비를 2~2.5mm 정도로 튼튼하게 꿰매는 것이 좋습니다.

홈질(러닝 스티치)

두 옷감을 잇거나 잔주름을 만들 때 쓰는 기본적인 스티치 기법입니다.

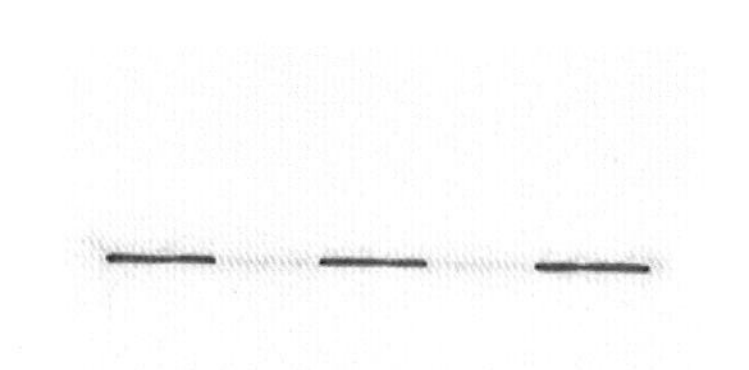

시침질

두 옷감을 본격적으로 잇기 전, 임시로 고정하기 위해 큰 땀으로 하는 홈질. 시침핀을 꽂기 어려운 구간에 사용하기 좋으며 옷감이 어긋나지 않게 해주는 최고의 시침 방법입니다.

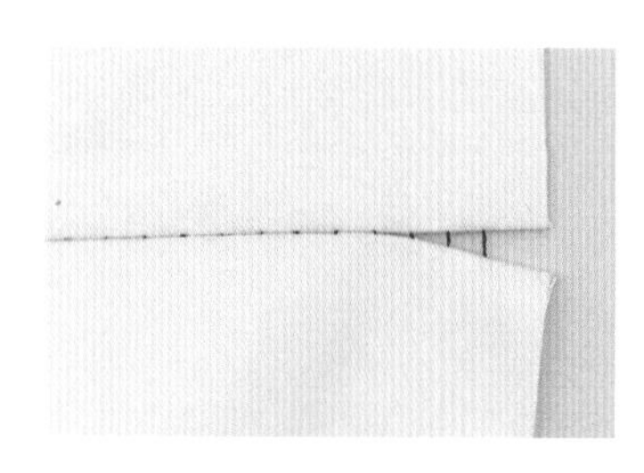

공그르기

바늘땀이 겉에서 보이지 않게 꿰매는 바느질 기법으로 주로 창구멍을 막을 때 사용합니다.

스냅 단추 달기

스냅 단추는 볼록한 모양과 오목한 모양이 한 쌍을 이룹니다. 볼록한 부분을 먼저 단 후 인형에 입히고 단추를 꾹 누르면 원단 위에 오목한 부분을 달 위치가 표시됩니다. 단추를 열고 닫을 때 힘을 주어 당기게 되므로 튼튼하게 꿰매야 합니다.

tip 상침

패턴 조각을 연결한 후 접힌 시접을 고정하거나 완성된 옷을(주로 테두리) 장식할 때 겉면에서 눌러 박는 것을 말합니다. 시접을 고정하거나 장식용이기 때문에 상침선을 따로 표시하지 않습니다. 박음질처럼 튼튼하기보다는 고르고 반듯하게 꿰매는 것이 중요합니다.

04 옷감 가장자리 마무리하기

옷감의 가장자리(밑단 혹은 시접)는 어떻게 마무리할까요? 인형 옷은 크기가 작기 때문에 밑단과 시접 부분이 옷 전체에서 차지하는 비중이 크고 잘 보입니다. 따라서 가장자리를 깔끔하게 마무리하는 것이 매우 중요합니다. 특히 올이 풀리면 지저분해지고 박음질까지 풀리는 경우가 있어 올풀림 방지 처리만 해도 옷의 완성도가 올라갑니다. 작품의 디자인이나 옷감의 성질에 따라 가장자리 처리 방식을 선택할 수 있습니다.

자르기

완성선에서 여분(3~5mm)을 두고 시접을 남겨 자릅니다. 올이 잘 풀리지 않는 원단을 사용할 때, 겉에서 보이지 않는 안쪽의 시접 처리 방법으로 사용합니다.

올풀림 방지액 바르기

액상으로 되어 바르기 쉽지만 굳으면 딱딱해져 올이 풀리지 않게 해줍니다. 좁은 너비의 시접을 마감할 때 가장 적합합니다. 종종 얼룩처럼 남는 경우도 있기 때문에 겉면에 배어나오지 않도록 소량만 발라 사용합니다.

핑킹가위로 자르기

원단을 △모양으로 잘라 올이 풀리는 것을 어느 정도 방지합니다. 작은 가위집을 일정하게 낸 모양으로 잘려 곡선 시접을 마감하는 동시에 가위집을 내는 일석이조의 효과를 얻을 수 있습니다.

불로 지지기(열처리)

폴리에스터 원단은 뜨거운 열에 닿으면 표면이 녹았다가 식으면 딱딱하게 굳는 성질이 있습니다. 가장자리를 열로 녹였다가 굳혀 올이 풀리지 않도록 처리합니다. 면이나 한복 본견(실크) 등은 열을 가하면 녹는 것이 아니라 까맣게 타므로 원단의 특성을 잘 파악한 후 사용합니다.

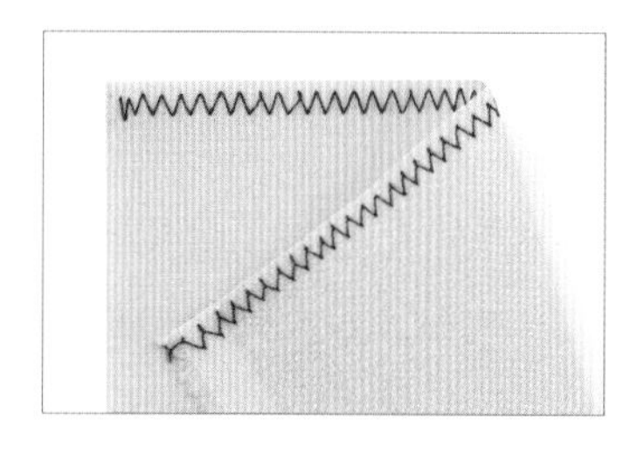

지그재그 스티치하기

가장자리를 따라 지그재그 모양의 스티치를 해 올이 풀리는 것을 방지합니다. 가는 실을 사용해야 깔끔합니다.

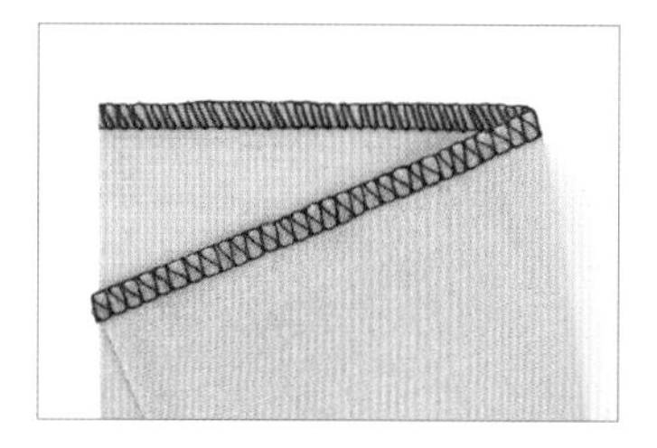

오버록 마감하기

오버록 재봉틀로 가장자리를 자르면서 동시에 실로 휘감아 올이 풀리지 않게 마감합니다.

인터록 마감하기

가장자리를 오버록보다 더 좁고 촘촘하게 실로 휘감습니다. 보통 손수건, 마우스 패드의 가장자리가 인터록으로 마감되어 있습니다.

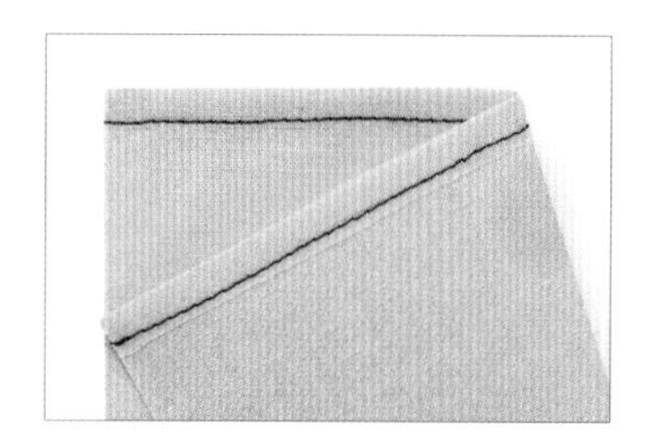

한 번 접어 상침하기

완성선대로 시접을 한 번 접어 상침하는 방법입니다. 홈소잉이나 인형 옷 모두 오버록으로 마감한 후 한 번 접어 상침하는 것이 가장 일반적인 가장자리 마무리 방법입니다.

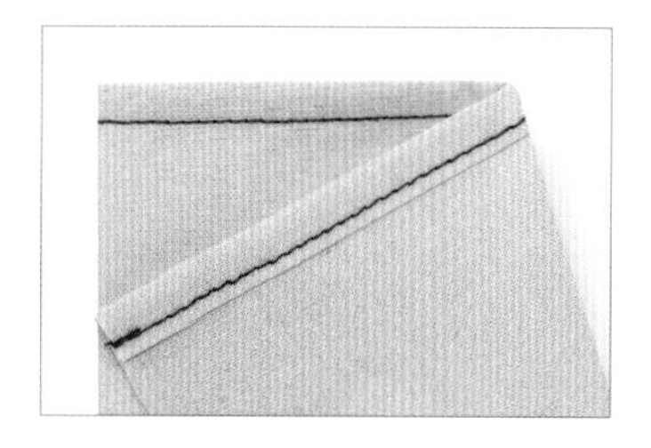

두 번 접어 상침하기(말아박기)

시접을 두 번 접어 상침하는 방법입니다. 5~7mm 폭의 시접은 두 번 접기 힘들기 때문에 이 방식으로 가장자리를 처리하려면 접히는 분량을 고려해 시접의 폭을 10mm 이상 늘려야 합니다. 시접이 안쪽으로 접어지므로 올풀림 걱정이 없어 치마 같이 긴 옷감의 가장자리를 마무리할 때 많이 사용하는 방법입니다.

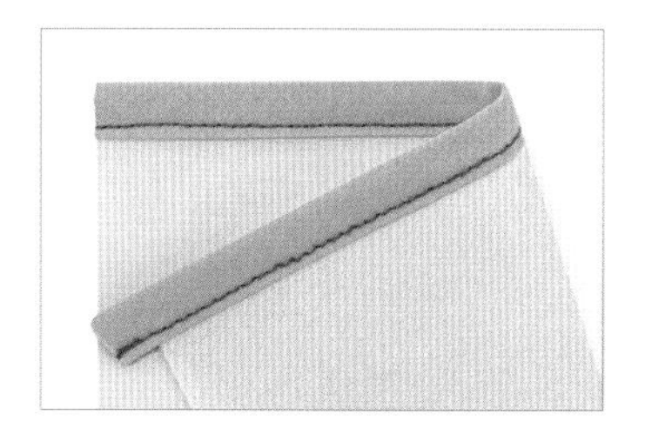

바이어스로 감싸기

다른 원단 조각으로 가장자리를 감싸서 박는 방법입니다. 홈소잉의 바이어스는 보통 4겹을 사용하는데, 인형옷의 경우 크기가 작기 때문에 3겹으로 접어 사용하거나 바이어스감으로 매우 얇은 원단을 선택하는 것이 좋습니다.

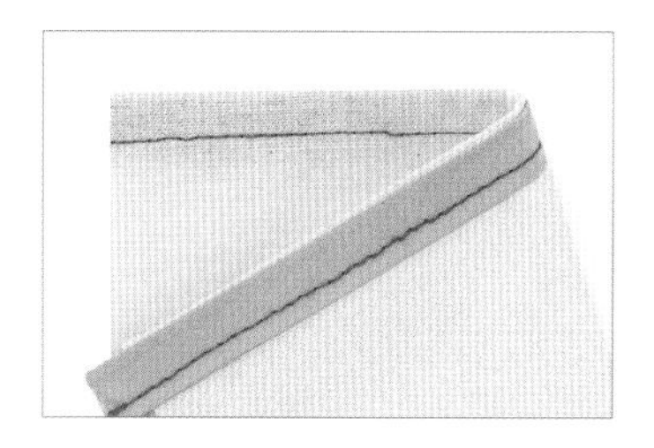

인바이어스 마감하기

바이어스와 비슷하나 바이어스감을 안면으로 접어 상침하여 겉에서는 바이어스감이 보이지 않게 마감하는 방법입니다.

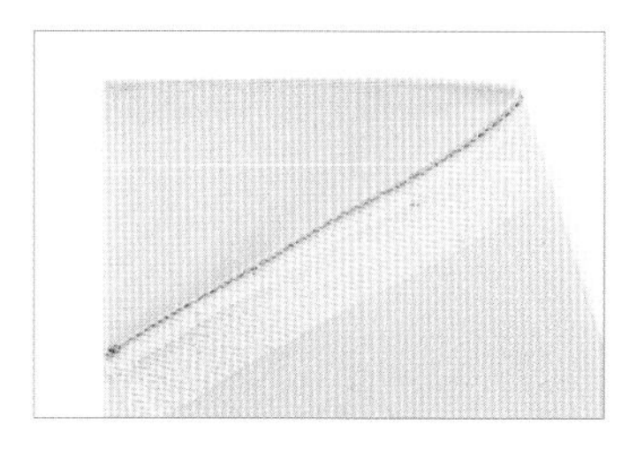

인바이어스-접착심지 사용

바이어스감으로 접착심지를 사용하면 상침 대신 열로 붙이게 되어 겉면에 바늘땀을 남기지 않고 깔끔하게 마감할 수 있습니다. 실크 접착심지, 아사 접착심지를 추천합니다.

옷 만들기 베이직 레슨

05 끈과 바이어스

끈 만들기

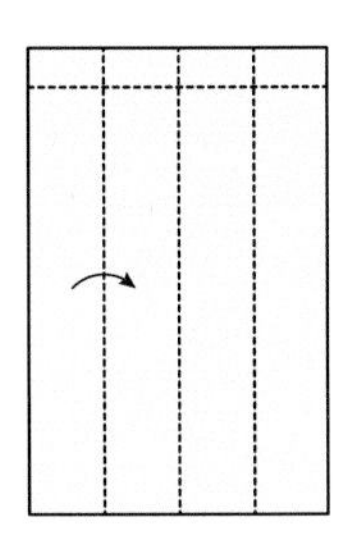

1 만들고 싶은 끈 너비의 4배인 원단을 잘라 준비한다. 원단을 미리 접어 4등분 선을 표시한다. 4등분한 네 칸 중 가장자리 한 칸을 선대로 접는다.

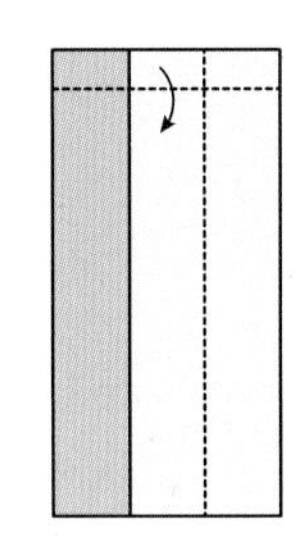

2 상단 5~7mm 가량을 접는다.

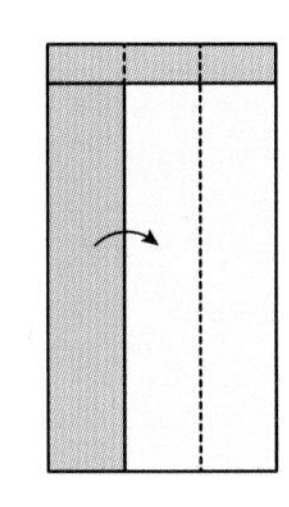

3 한 칸을 더 접는다.

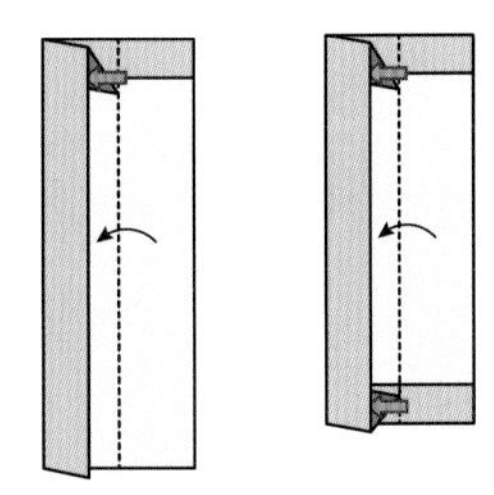

4 마지막 한 칸은 접으면서 **2** 사이로 끼운다. 다림질을 하면 더 반듯하게 접힌다. 원단용 풀이나 본드를 살짝 발라 고정해도 좋다. 이때 끈의 양쪽을 모두 마감해야 하면 하단도 상단과 동일하게 접어 끼운다.

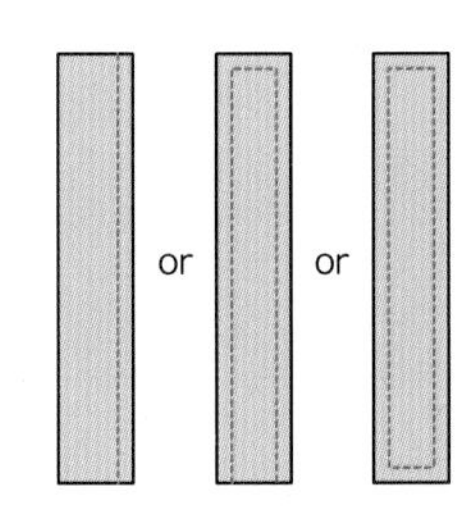

5 예시 중 하나를 골라 테두리를 상침한다.

바이어스감 만들기

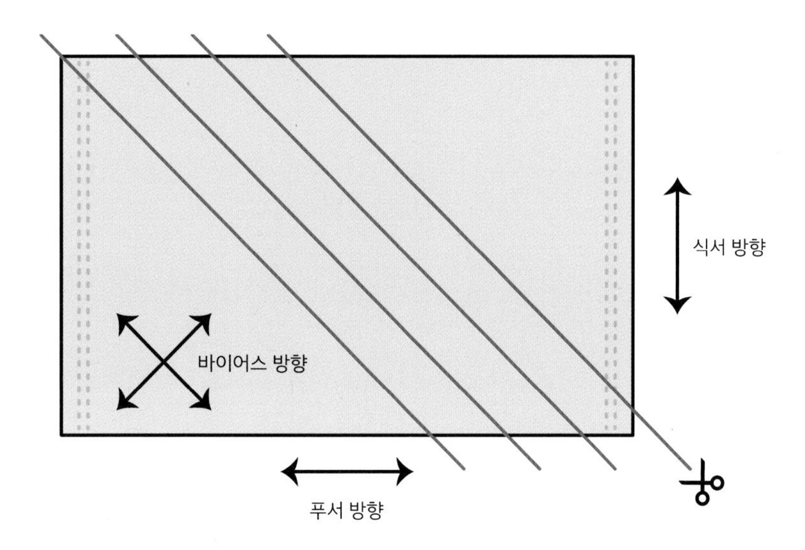

직기 원단이라도 바이어스 방향으로 당기면 약간의 탄성이 있습니다. 패턴의 곡선 가장자리를 감싸야 한다면 반드시 바이어스 방향으로 재단하거나 늘어나는 원단을 사용합니다. 직선인 테두리를 감싸거나 원단이 모자라서 추가해야 하거나 원단 무늬를 잇는 등의 상황에서는 식서 방향으로 재단해도 괜찮습니다.

tip » 바이어스감 잇기

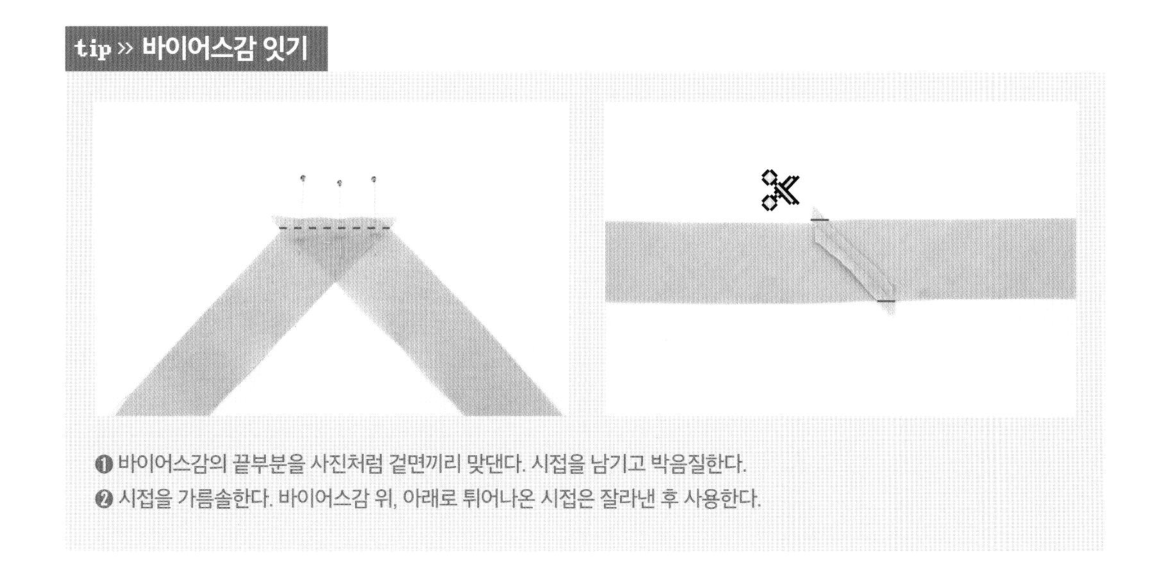

❶ 바이어스감의 끝부분을 사진처럼 겉면끼리 맞댄다. 시접을 남기고 박음질한다.

❷ 시접을 가름솔한다. 바이어스감 위, 아래로 튀어나온 시접은 잘라낸 후 사용한다.

바이어스 종류와 활용법

4겹 바이어스

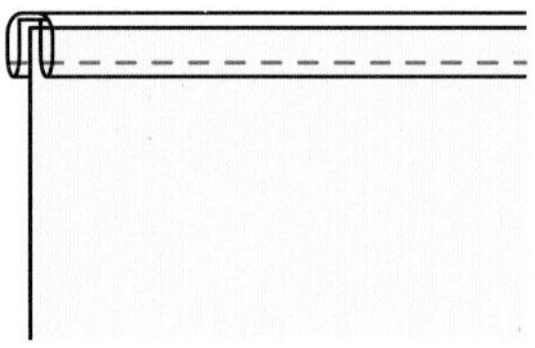

3겹 바이어스

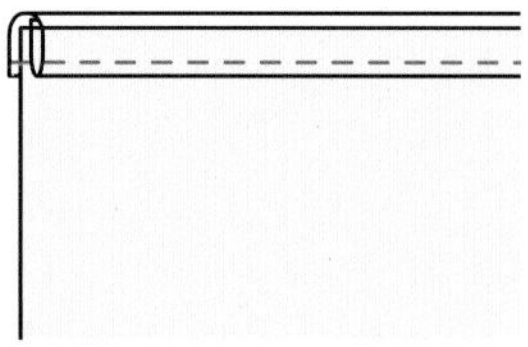

2겹 바이어스

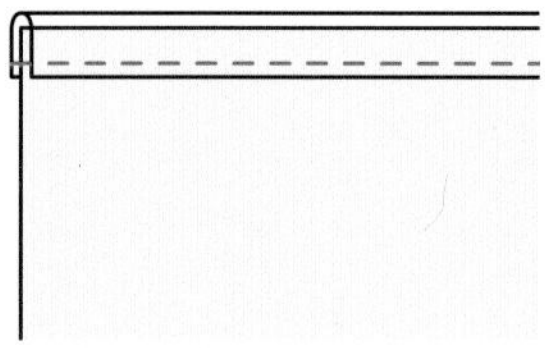

✚ 도포, 한복 원피스의 동정

✚ 보닛 테두리, 도포 깃, 한복 원피스 깃

✚ 산타복의 테두리 털

뒷면을 길게 만들면 상침할 때 뒷장을 박지 않는 실수를 줄일 수 있습니다. 홈소잉에서는 4겹 바이어스를 기본으로 사용하지만 인형옷은 두께 때문에 2, 3겹 바이어스를 주로 사용합니다. 2, 3겹 바이어스의 경우 뒷면 바이어스 밑단의 올이 풀리지 않게 처리를 해야합니다.

즐거운 인형 옷 만들기

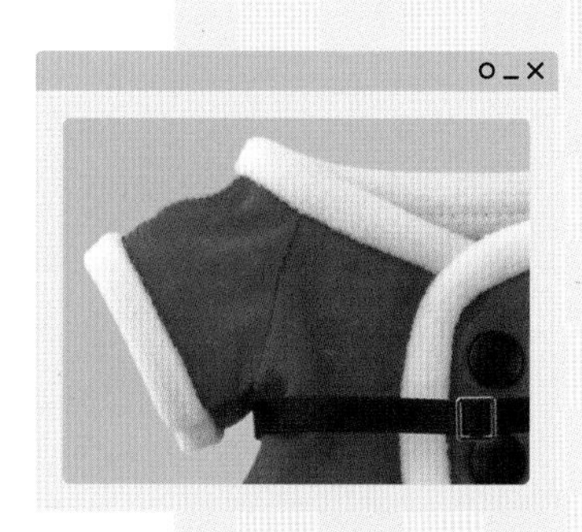

❶ 주변에서 먼저 재료를 찾아보세요.

더 이상 입지 않는 옷이나 다이소에서 구매한 소품들이 특별한 재료로 변신할 수 있습니다.

❷ 손바느질을 연습해보세요.

인형 옷은 크기가 작아 손바느질로도 만들 수 있습니다. 다만 재봉틀을 사용하면 만드는 시간이 확연히 짧아집니다. 재봉틀을 사용하더라도 단추 달기, 공그르기 등의 손바느질 작업은 필요하니 기본적인 바느질 기법은 익혀주세요.

❸ 박음질하기 전에 한 번 더 과정을 생각하세요.

잘못된 박음질을 뜯는 시간은 생각보다 길고 지루합니다. 빠르게 만들기보다 잘못된 박음질을 하지 않도록 천천히 진행합니다.

❹ 안전에 유의하세요!

재단 가위, 바늘, 다리미 등 날카로운 도구와 화기에 다치지 않게 주의합니다.

❺ 마무리는 최대한 꼼꼼하게 신경 써주세요.

다림질과 시접 처리를 깔끔하게 진행하면 옷을 완성했을 때 퀄리티가 올라갑니다.

❻ 솜인형은 뭐든지 잘어울려요.

실패를 두려워하지 말고 일단 도전해보세요. 솜인형은 어떤 옷도 귀엽게 소화한답니다.

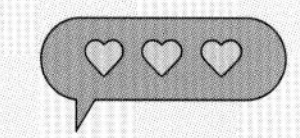

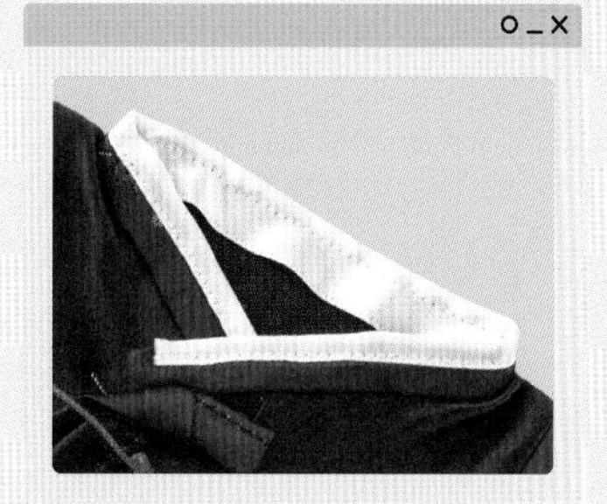

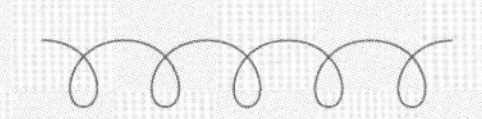

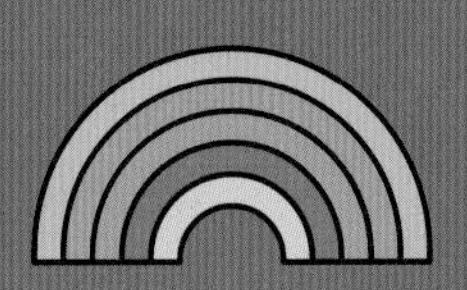

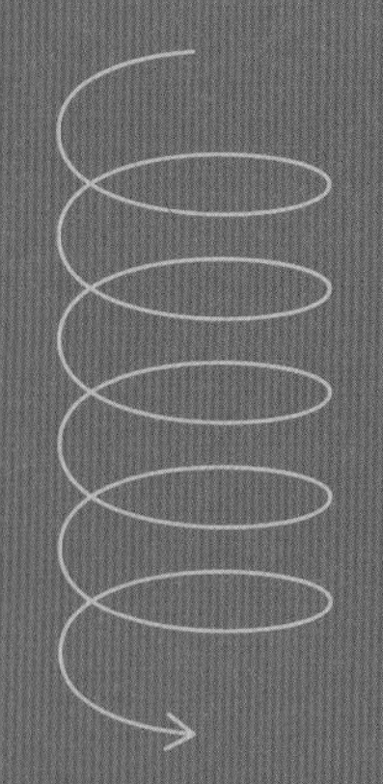

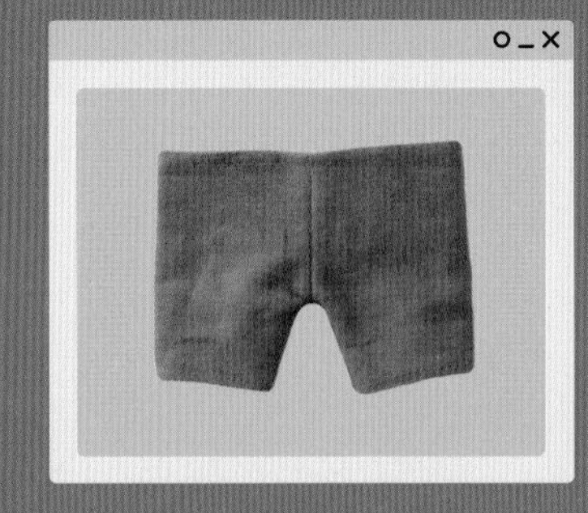

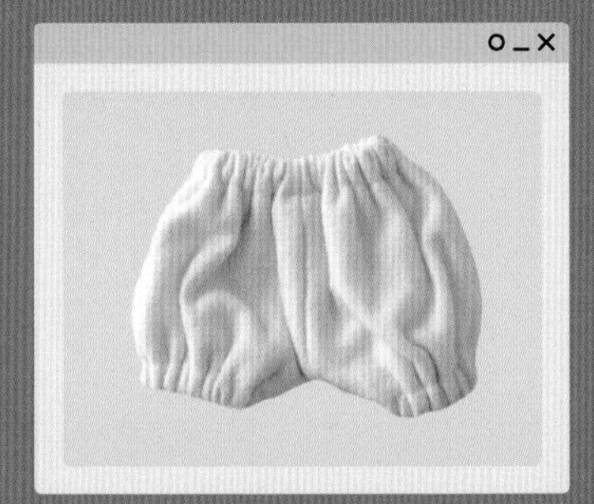

NEW POST

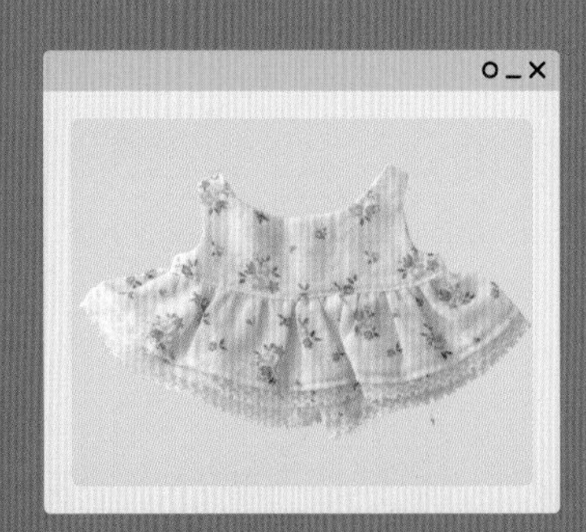

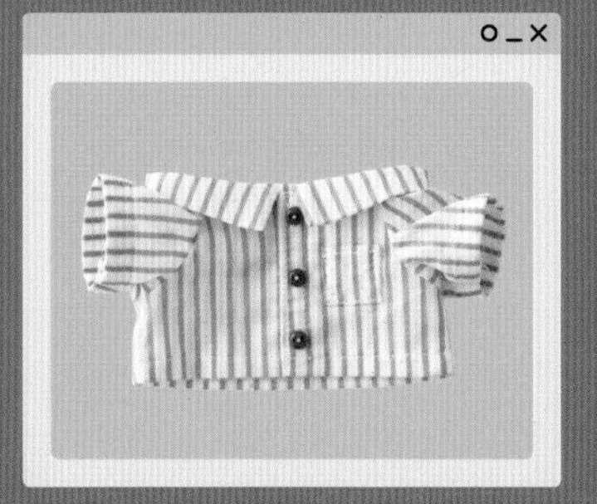

초보자도 뚝딱! 기본 아이템

01

초보자도 뚝딱! 기본 아이템

라운드 티

어떤 원단으로도 만들 수 있는 기본 상의입니다. 아우터나 '분리형 세일러 칼라'와 함께 코디하기에 안성맞춤이지요. 뒷부분을 여미는 형태로, 색상별로 만들어 두면 든든한 기본템입니다.

READY

옷감

겉감: 10수 면 트윌 기모(곤색)

S: 1/32마, L: 1/16마

안감: 40수 면 트윌(곤색)

S: 1/32마, L: 1/32마

부자재

폭 2mm 실크 리본(화이트)

S: 19cm, L: 22cm

슬림 봉제형 폭 1cm 벨크로

S: 4.5cm 1쌍, L: 6.3cm 1쌍

HOW TO MAKE

1 [라운드 티 소매]의 밑단을 완성선대로 접어 상침한다. 소매에 리본을 달고 싶은 경우, 이때 실크 리본도 함께 상침한다.

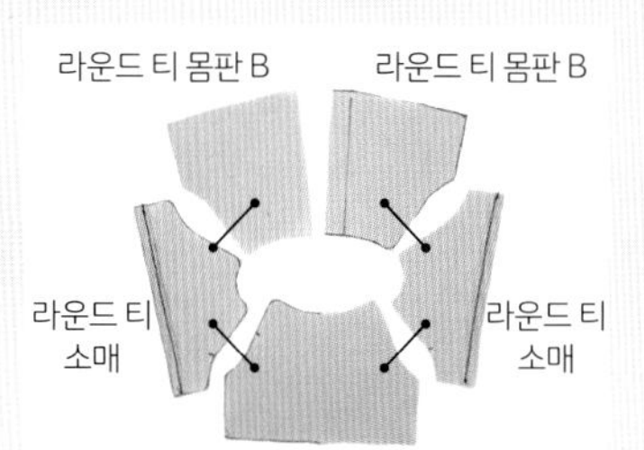

2 [라운드 티 몸판]과 [라운드 티 소매]를 겉끼리 맞대어 박음질로 연결한다.

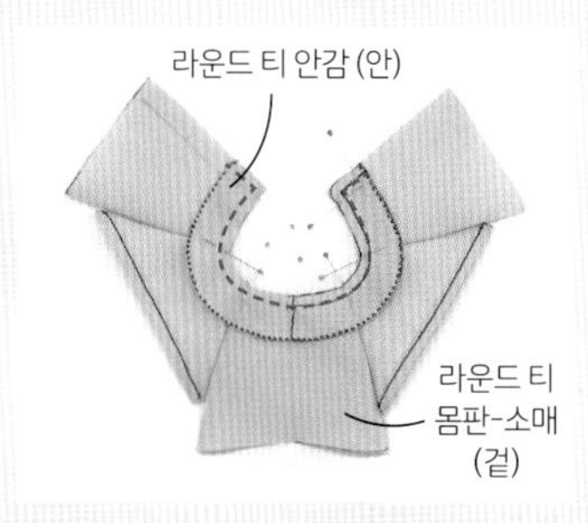

3 [라운드 티 몸판-소매]와 [라운드 티 안감]을 겉끼리 맞대어 목선을 박음질한다.

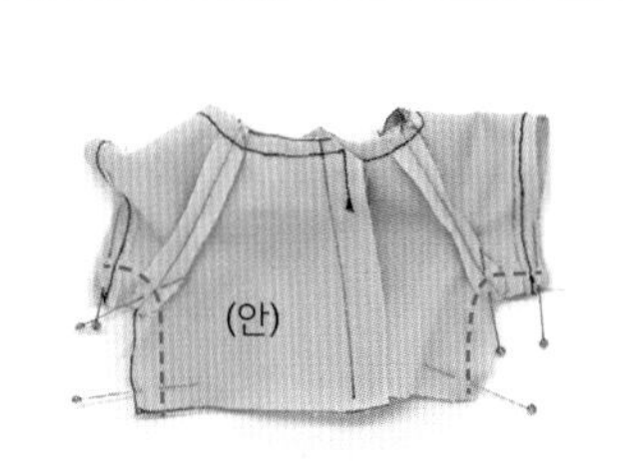

4 옆선을 박음질한다.

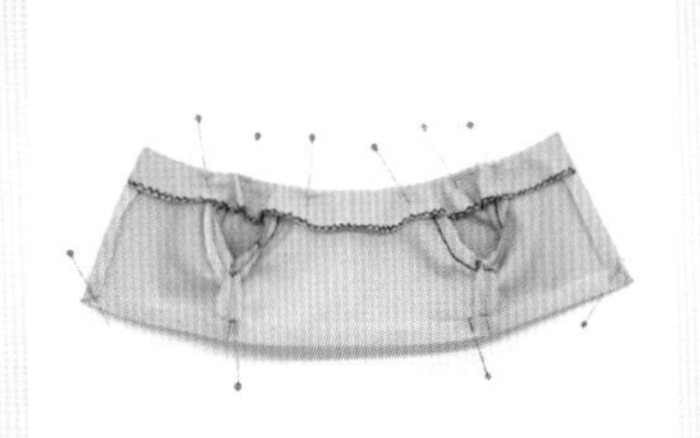

5 소매를 뒤집은 후, 안감이 위로 오게 옷감을 둔다. 여밈 부분과 밑단을 완성선대로 접고 시침핀을 꽂아 고정한다.

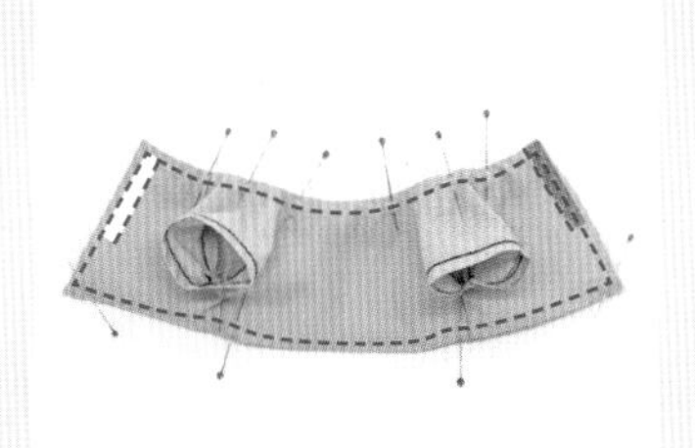

6 테두리를 상침한다. 이때 벨크로도 달아준다.

7 라운드 티 완성.

02 초보자도 뚝딱! 기본 아이템!

바지

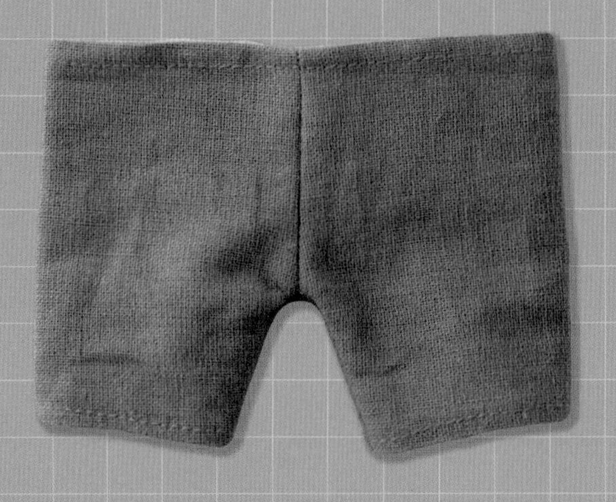

여러 종류의 상의와 어울리는 하의입니다. 기장을 줄여 반바지로 변형하거나 스티치로 디테일을 더해 솜인형의 개성을 뽐낼 수 있습니다. 하체에 밀착하는 의상이므로 이염 가능성이 높은 원단은 피해주세요!

옷감

워싱 리넨(청블루)

S: 1/32마, L: 1/32마

HOW TO MAKE

1 밑단을 완성선대로 안면으로 접어 상침한다.

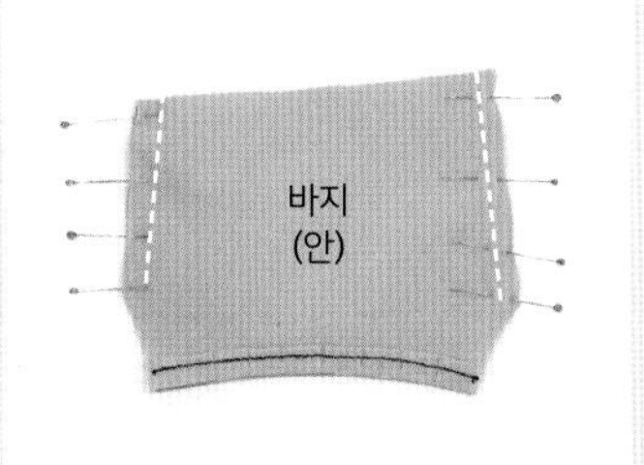

2 [바지] 2장을 겉끼리 맞대고 양쪽 완성선(앞/뒤 밑위선)을 따라 박음질한다.

3 시접을 가름솔한다.

4 허릿단 둘레를 완성선대로 접어 상침한다.

5 가랑이 부분을 박음질한다.

6 곡선 구간에 가위집을 낸다.

7 옷감을 뒤집으면 바지 완성.

03

초보자도 뚝딱! 기본 아이템

고무줄 바지

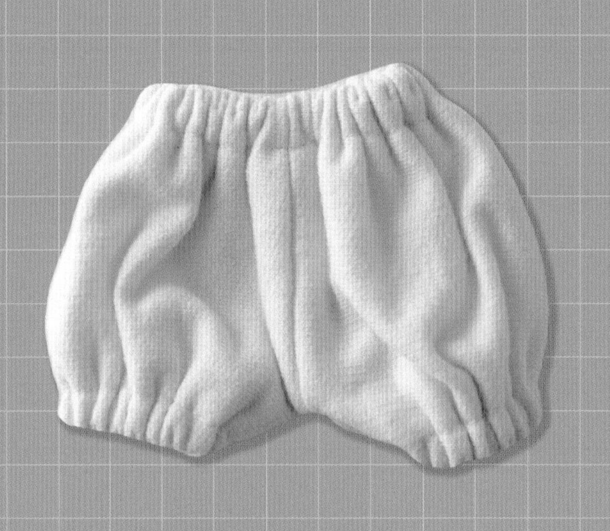

'바지'에서 허리와 밑단에 고무줄을 넣어 비교적 자유롭게 늘어납니다. 엉덩이가 도드라진 인형에게 입히기 좋은 바지입니다. 고무줄을 꿰매지 않고 원단을 상침하는 기술이 핵심입니다. 기장을 줄이면 귀여운 블루머나 팬티로 활용할 수 있습니다.

READY

옷감
미니 쭈리(크림)
S: 1/32마, L: 1/16마

부자재
폭 4mm 고무줄
S: 21cm, L: 26cm

HOW TO MAKE

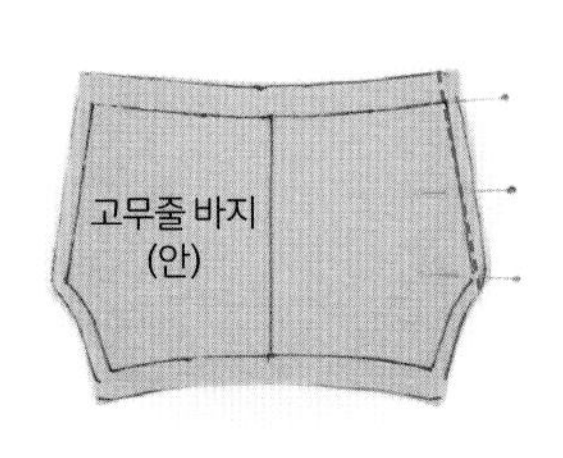

1 [고무줄 바지] 2장을 겉끼리 맞대고 앞밑위선을 박음질한다.

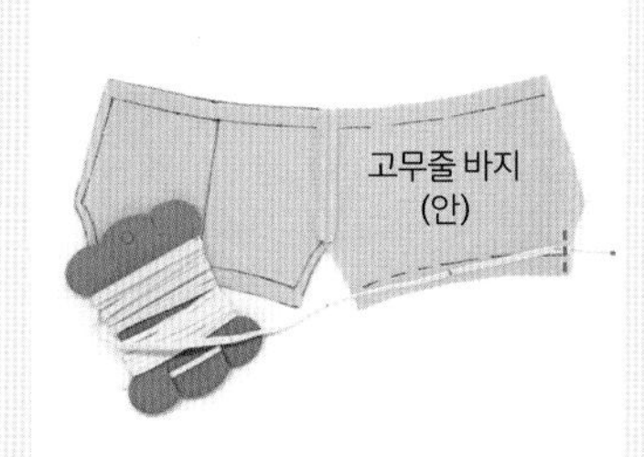

2 시접을 가름솔한 후 바지를 펼친다. 고무줄을 완성선 안쪽에 두고 끝을 바지 밑단 시접에 박음질한다.

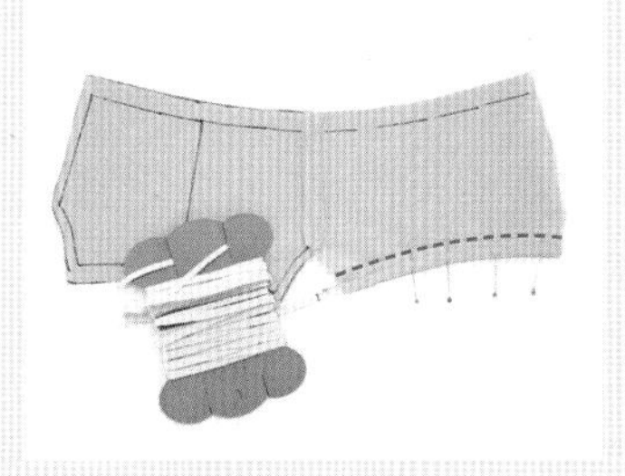

3 고무줄을 감싸듯이 밑단을 접어 상침한다. 이때 고무줄을 박지 않도록 주의한다.

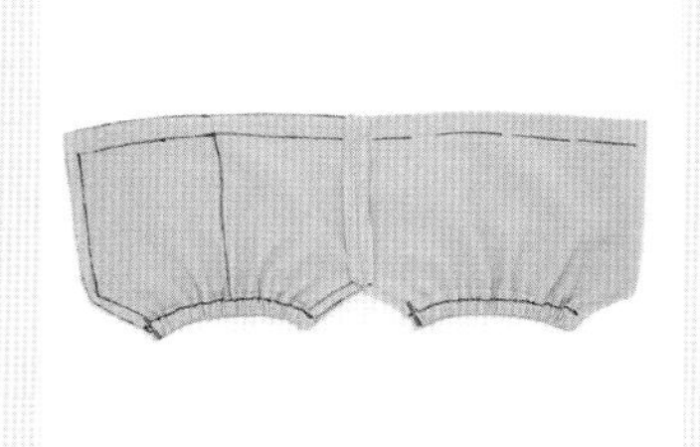

4 고무줄(S: 5cm, L: 6cm)을 표시한 지점까지 잡아당긴 후 끝을 박음질해 고정한다.

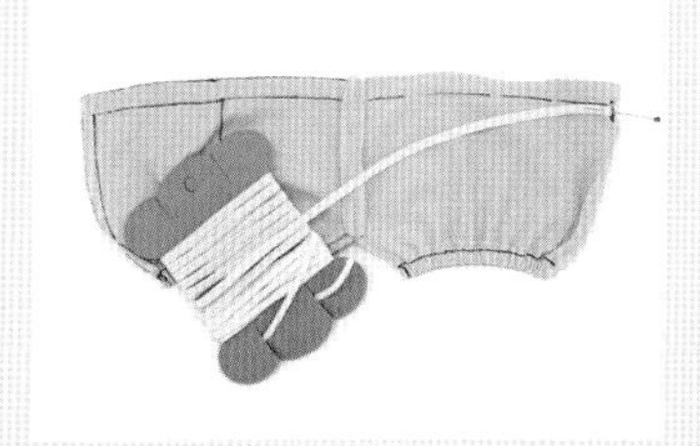

5 허리도 동일하게 진행한다.(고무줄은 S: 11cm, L: 14cm)

6 고무줄을 모두 고정한 모습.

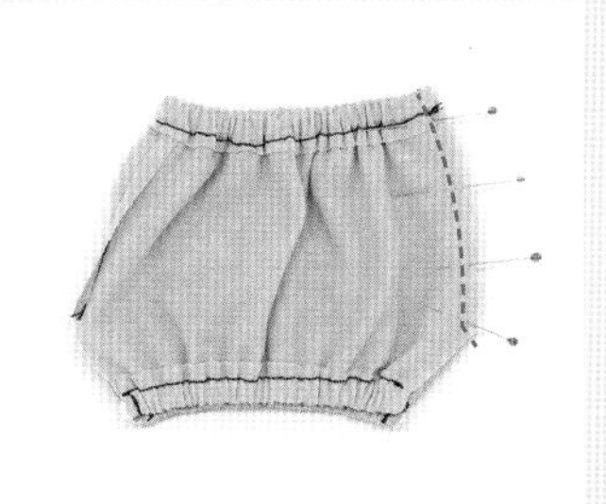

7 바지의 안면이 겉으로 오게 접어 반대편 밑위선을 박음질한다.

8 시접을 가름솔하고 가랑이 부분을 박음질한다.

9 뒤집으면 고무줄 바지 완성.

04

초보자도 뚝딱! 기본 아이템

민소매 원피스

소재나 치마 주름 양에 따라 무궁무진한 디자인을 만들 수 있는 원피스입니다. 안감 작업을 두려워하지 마세요. 깔끔한 실루엣을 연출할 때는 오히려 안감을 덧대는 것이 작업을 수월하게 만들어줍니다.

READY

옷감

겉감: 40수 면 레이온(연베이지)
S: 41×12cm, L: 45×14cm

안감: 60수 면 평직(백아이보리)
S: 1/32마, L: 1/32마

부자재

폭 0.8cm 랏셀 레이스(백아이보리)
S: 42cm, L: 45cm

슬림 봉제형 폭 1cm 벨크로
S: 8cm 1쌍, L: 9cm 1쌍

HOW TO MAKE

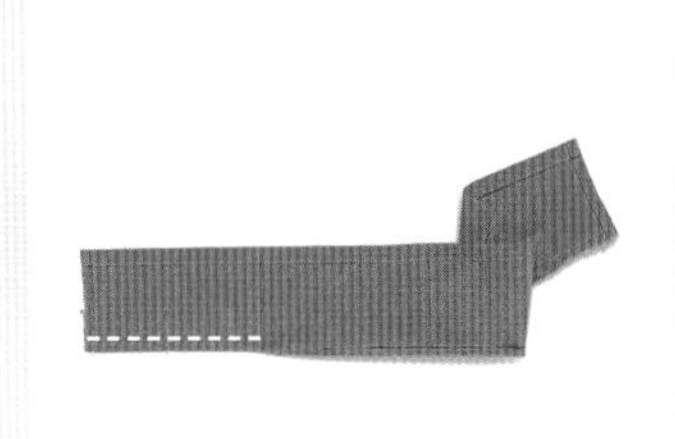

1 [민소매 원피스 치마]의 밑단을 완성선대로 접어 상침한다. 레이스를 다는 경우, 밑단에 레이스를 시침한 후 같이 상침한다.

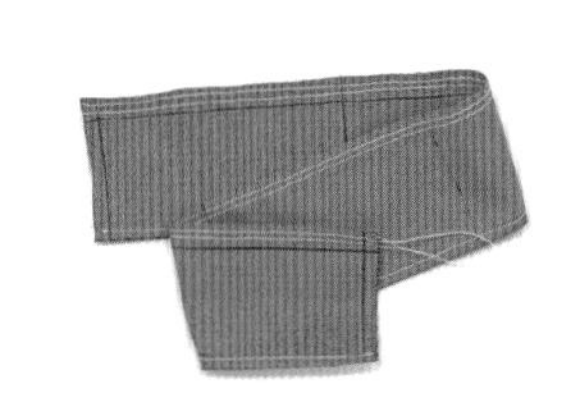

2 [민소매 원피스 치마]와 [민소매 원피스 몸판]이 연결되는 완성선 위 시접에 홈질하거나 재봉틀 큰 땀으로 1~2줄을 박는다. 이때 되박음질을 하지 않고 양 끝에 실을 충분히 남겨둔다.

3 실을 잡아당겨 주름을 잡는다.

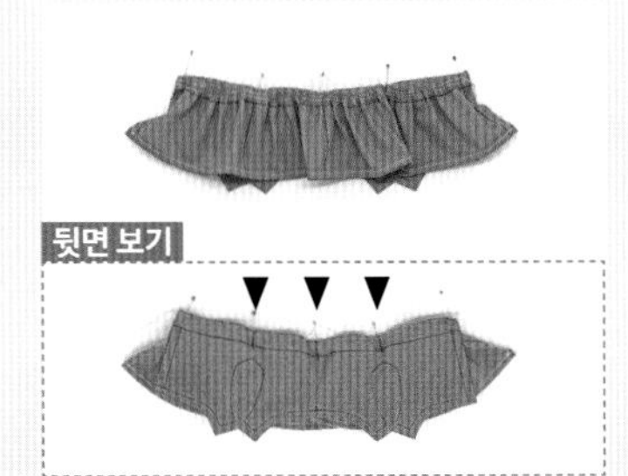

4 [민소매 원피스 치마]와 [민소매 원피스 몸판]을 겉끼리 맞대고 너치에 맞춰 시침한다.

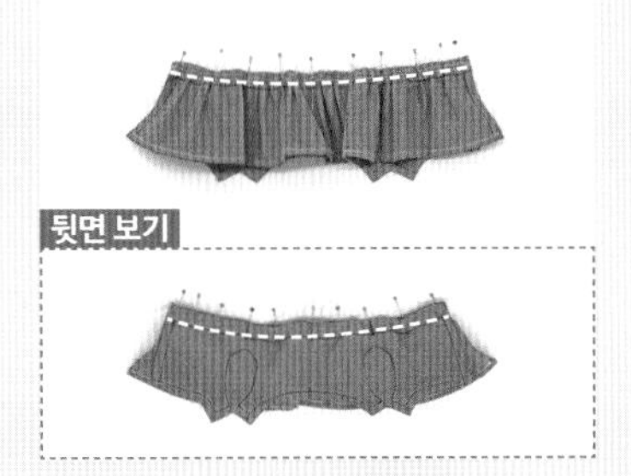

5 주름을 고르게 조절한 후 완성선대로 박음질해 [민소매 원피스 치마]와 [민소매 원피스 몸판]을 연결한다.

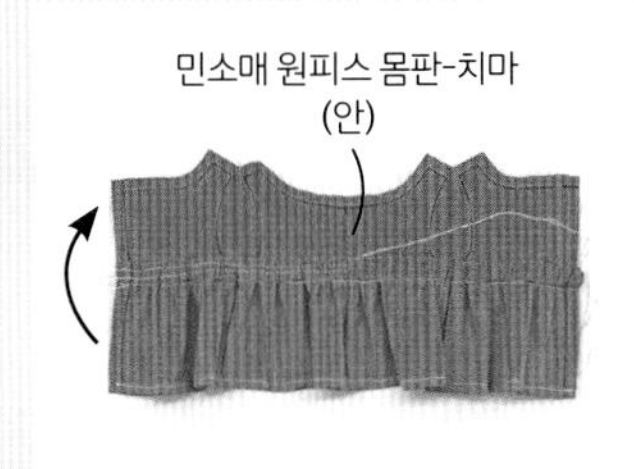

6 시접을 [몸판]쪽으로 올려 접고 적당한 길이로 잘라낸다. 치마 주름을 잡을 때 사용한 실은 제거한다.

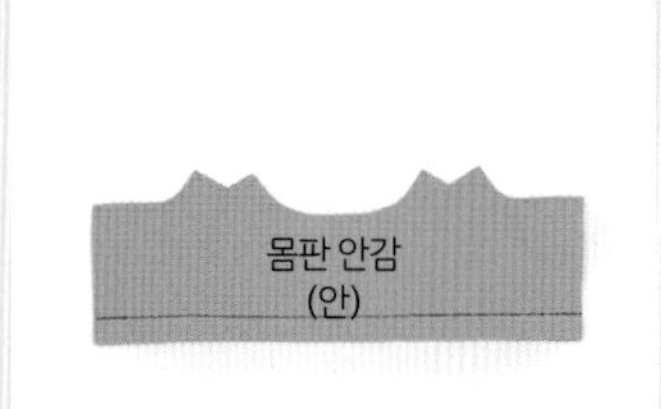

7 [몸판 안감]의 밑단은 완성선을 따라 접는다.

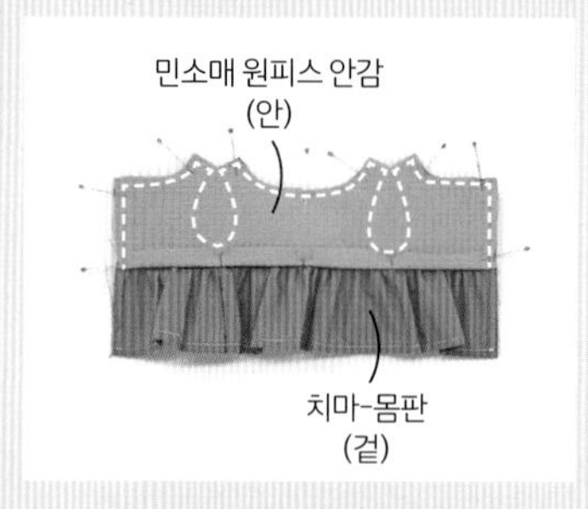

8 [치마-몸판]과 [몸판 안감]을 겉끼리 맞대고 박음질한다.

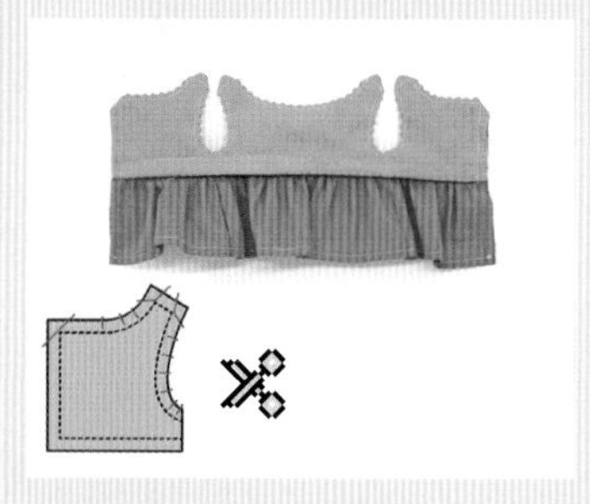

9 옷이 잘 뒤집히도록 곡선 부분에 가위집을 낸다. 이때 박음질선을 자르지 않도록 주의한다.

10 안감을 뒤집어 모양을 잡는다. [치마]의 양 끝을 완성선대로 접고 상침한다.

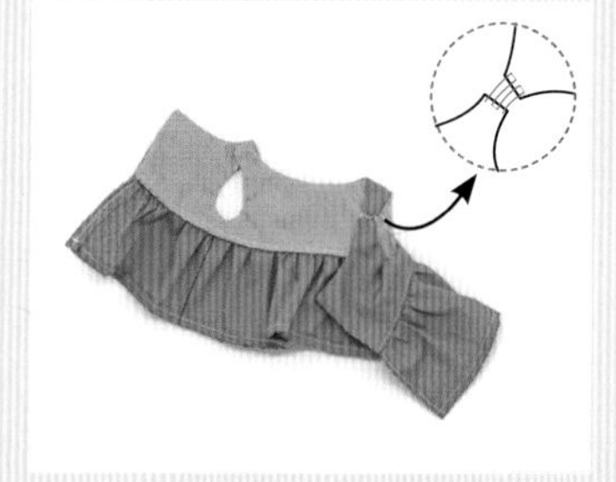

11 어깨 부분을 공그르기로 연결한다.

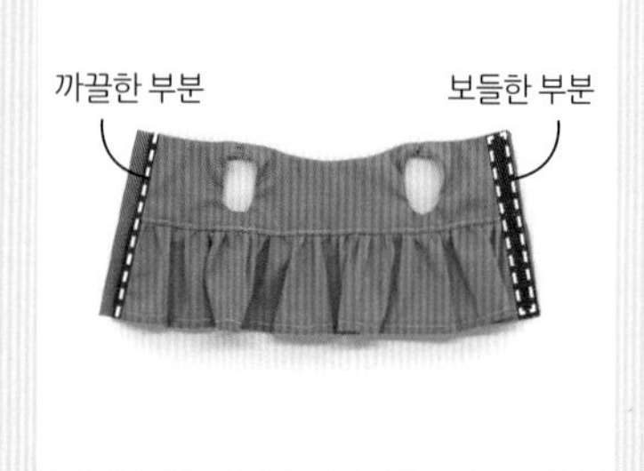

12 벨크로를 달아준다.

13 민소매 원피스 완성.

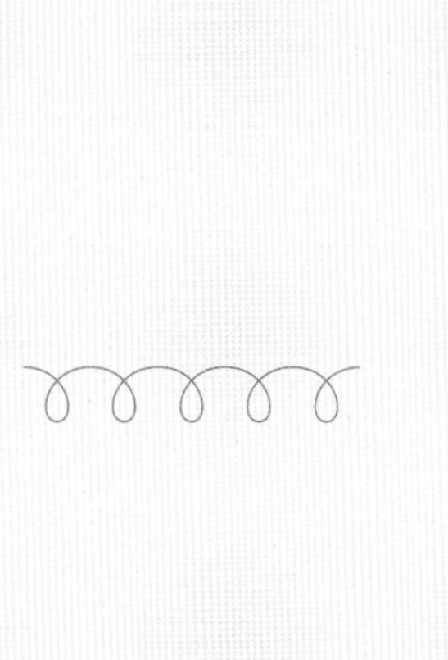

05

초보자도 뚝딱! 기본 아이템

셔츠

인형 옷 상의를 만드는 필수 테크닉을 한 번에 익힐 수 있으며, 소재를 다양하게 사용하거나 디테일을 변형하는 등 다양하게 응용할 수 있는 기본 의상입니다. 곡선을 최대한 배제하고 직선 위주로 패턴을 제작해 초보자도 쉽게 만들 수 있습니다.

READY

옷감

면 30수 평직(화이트)

S: 1/16마, L: 1/16마

줄무늬: 면 60수 2:3줄지(소라)

부자재

미니 단추(파랑) 3~4개

S: 4mm 단추, L: 5~6mm 단추

슬림 봉제형 폭 1cm 벨크로

S: 4.5cm 1쌍, L: 5.2cm 1쌍

HOW TO MAKE

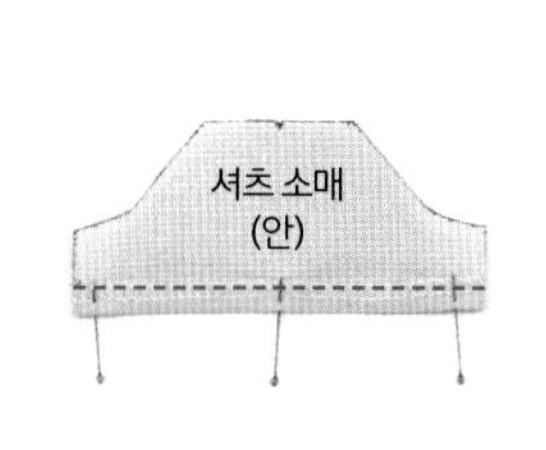

1 [셔츠 소매]의 밑단을 완성선대로 접어 상침한다.

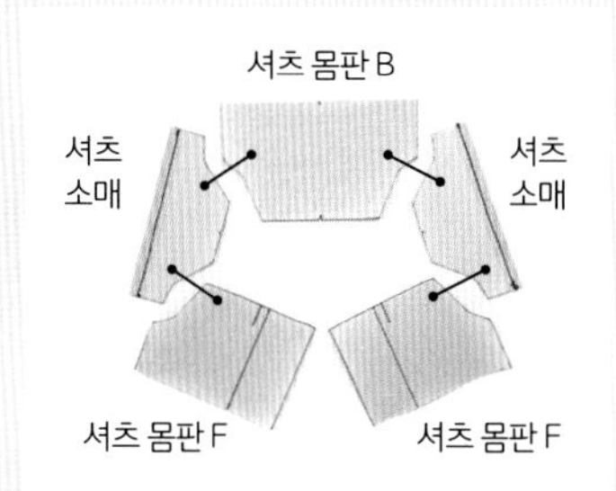

2 [셔츠 소매]와 [셔츠 몸판]을 연결한다.

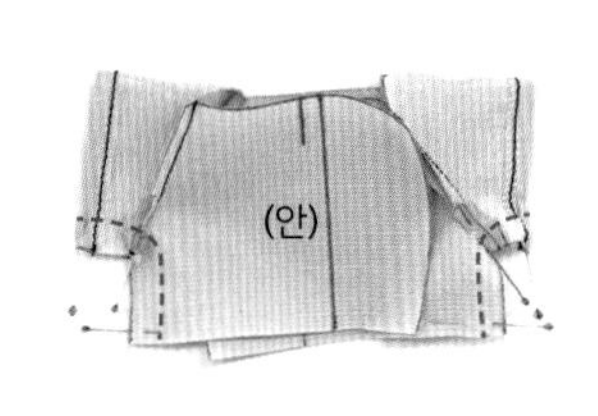

3 [셔츠 소매]와 [셔츠 몸판]의 옆선을 박음질한다.

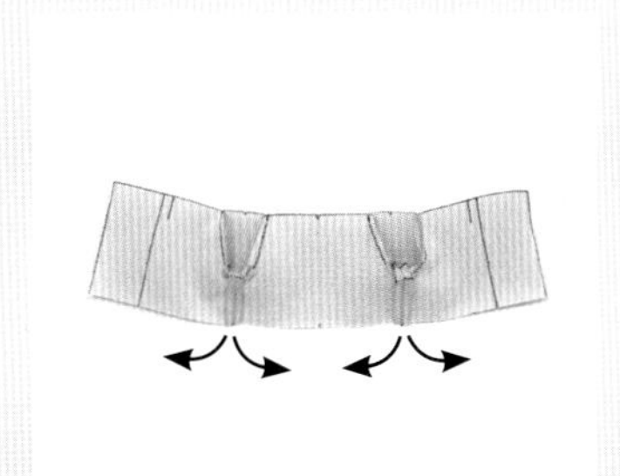

4 옆선의 시접을 가름솔한다.

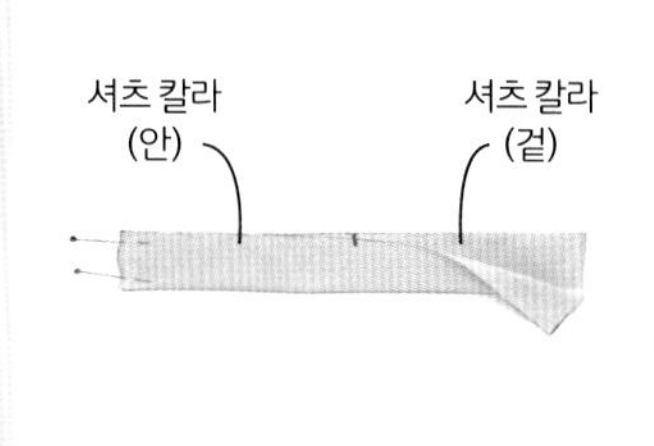

5 [셔츠 칼라]를 겉끼리 맞닿게 가로로 반 접는다.

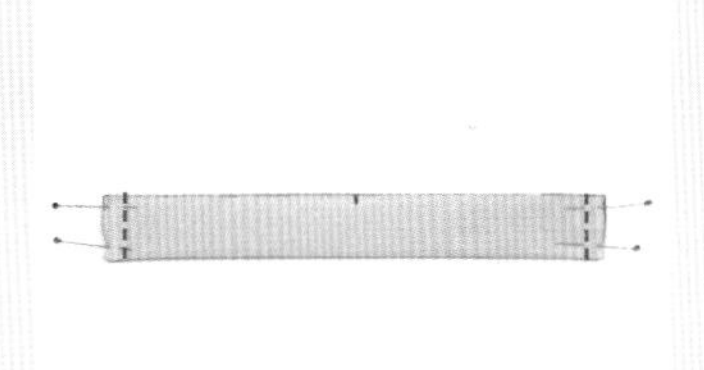

6 완성선을 따라 박음질한다.

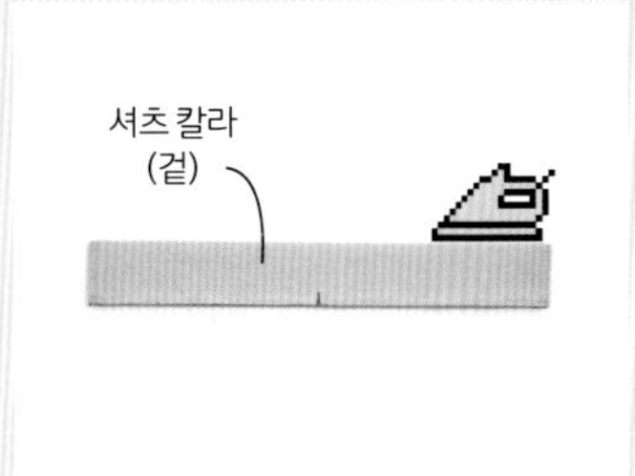

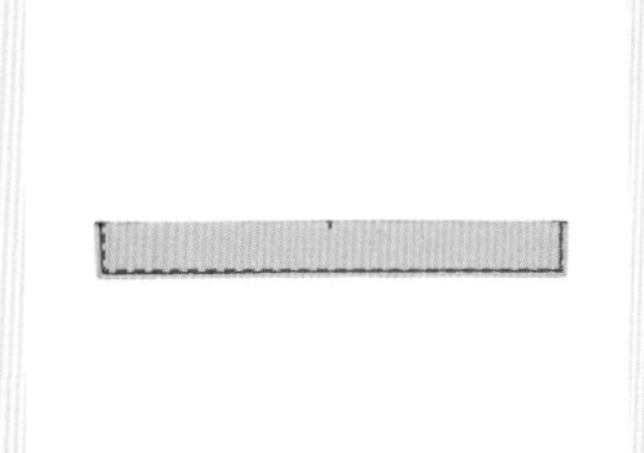

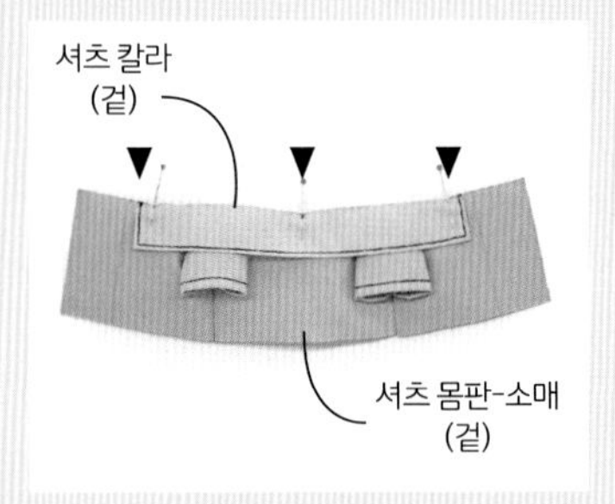

7 [셔츠 칼라]를 뒤집은 후 핀셋이나 돗바늘로 모서리까지 잘 펴준다. 다림질하면 더 빳빳한 칼라로 완성할 수 있다.

8 테두리를 상침한다. 원하는 디자인에 따라 생략 가능하다.

9 [셔츠 칼라]를 [셔츠 몸판-소매]에 올린다. 이때 양끝과 중심선에 시침핀을 꽂아 고정한다.

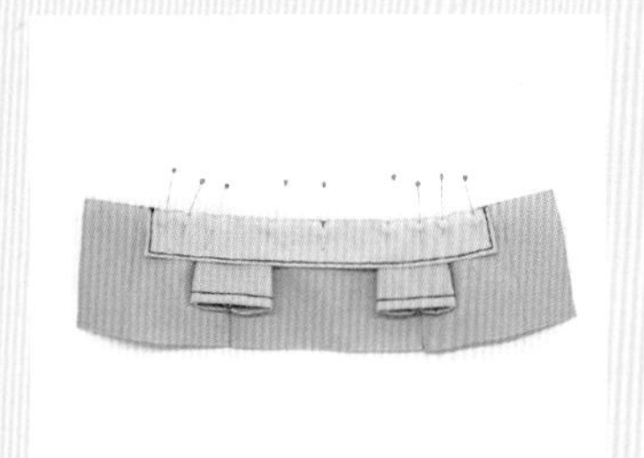

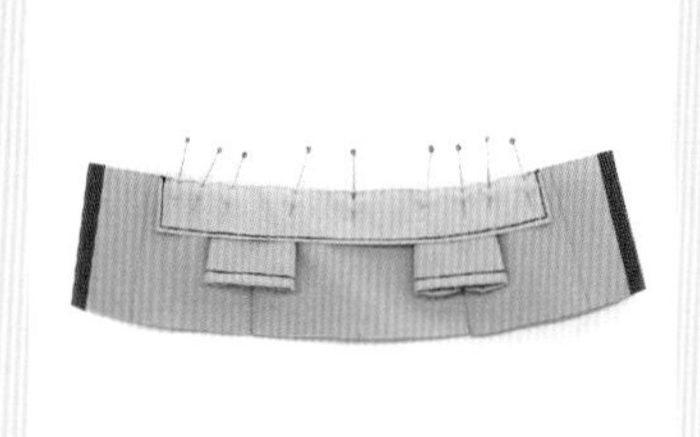

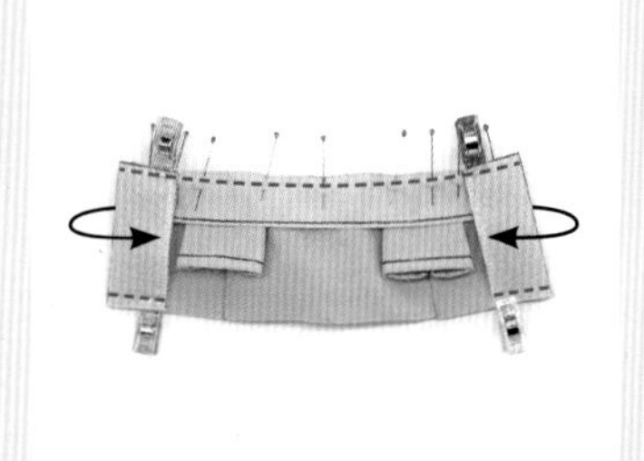

10 나머지 구간도 시침핀으로 고정한다.

11 [셔츠 몸판 F]의 양쪽 끝 여밈 부분에 올이 풀리지 않게 처리한다.

12 시접을 완성선대로 접는다. 칼라를 덮은 상태 그대로 박음질한다.

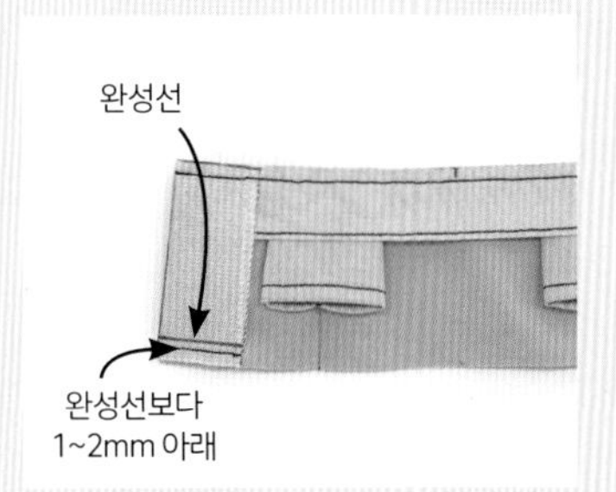

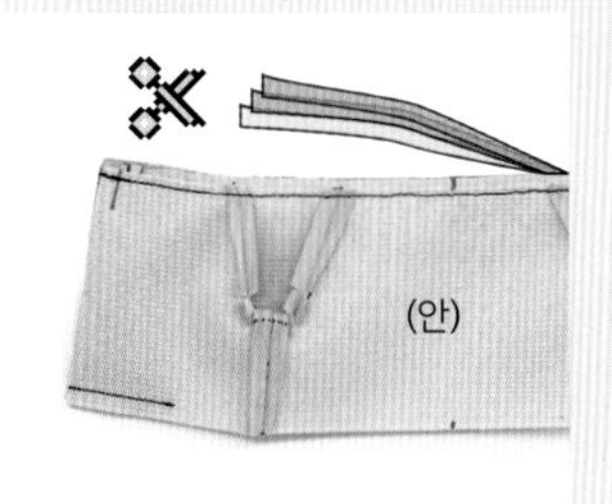

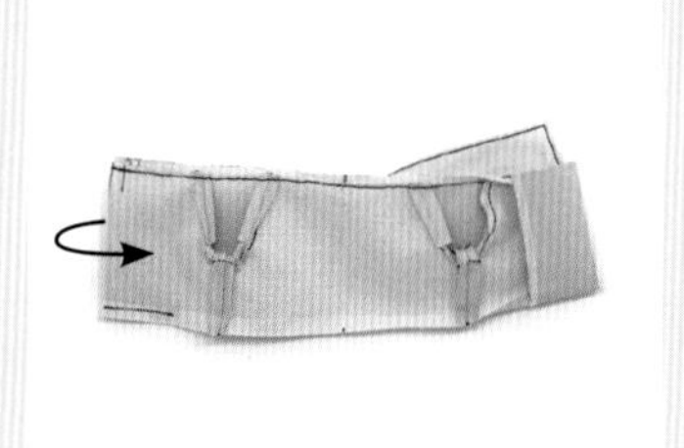

tip [셔츠 몸판 F]의 밑단을 박을 때는 완성선보다 살짝 아래(천 가장자리와 가깝게)에 해야 깔끔하다.(시접이 접히는 부분의 오차를 줄여 박음질이 겉으로 지저분하게 드러나지 않는다. 또한 길이에 여유가 생겨 이후 단계에서 셔츠 밑단을 맞출 때 수정할 수 있다.)

13 [셔츠 몸판-소매]와 [셔츠 칼라]의 시접이 두꺼우면 칼라의 모양을 잡기 어려워 가장 겉에 있는 시접(칼라의 겉면) 1장을 남겨두고 안쪽의 시접은 짧게 잘라낸다. 자른 부분은 올이 풀리지 않게 처리한다.

14 밑단을 완성선대로 살짝 접어 표시를 해둔다. 그리고 [셔츠 칼라]가 겉으로 나오도록 뒤집는다.

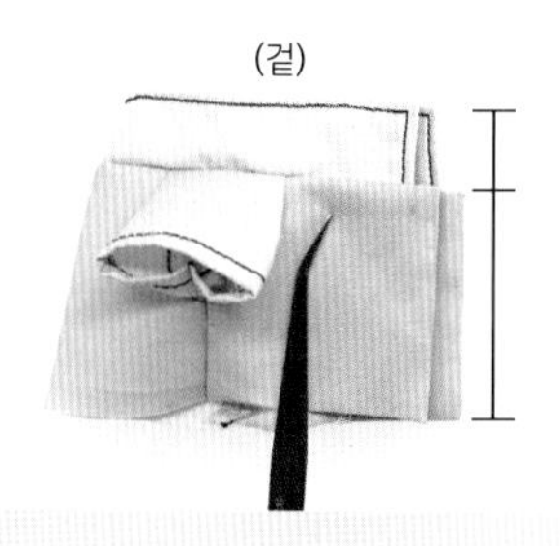

15 셔츠 양쪽 여밈 부분의 길이가 동일하도록 밑단을 접는다.

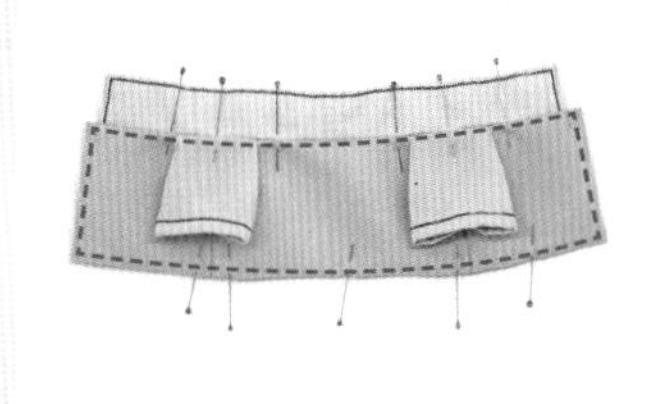

16 셔츠의 테두리를 상침한다.

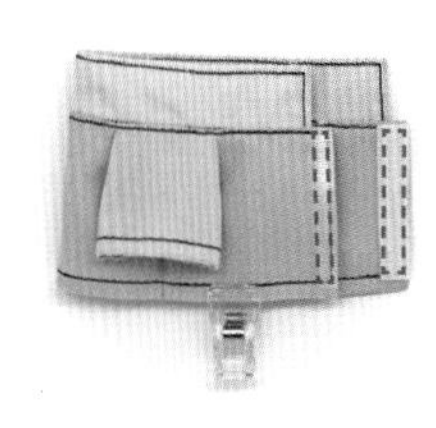

17 여밈 부분에 벨크로를 상침해서 달아준다.

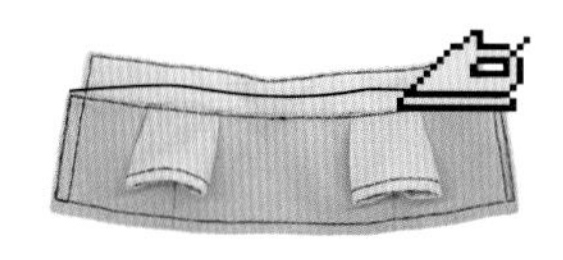

18 칼라를 다림질한다.

19 다림질한 모습.

20 여밈 부분 겉감에 단추를 단다. 셔츠 완성.

tip » 셔츠 칼라 다림질하는 법

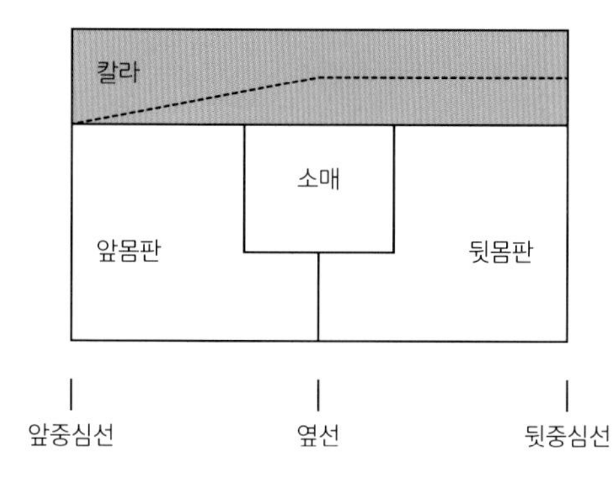

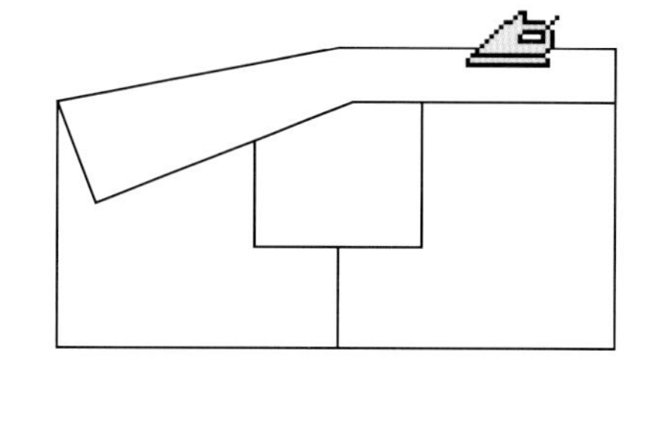

뒷몸판에 달린 칼라는 절반 접고 옆선부터 경사를 만들어 앞중심선은 완전히 접히도록 한다.
정면에서 보았을때 칼라가 V자 모양이 되면 다림질을 한다.

솜뭉치의 데일리 룩

솜뭉치의 데일리 룩

01

맨투맨

일상복으로 입기 좋은 상의입니다. 늘어나는 원단(다이마루·니트)과 시보리 원단을 사용합니다. 재봉틀을 사용하는 경우 바늘, 노루발, 실을 니트용으로 변경하면 조금 더 수월하게 옷을 만들 수 있습니다. 조금 더 봉긋한 핏을 원하면 퍼프 맨투맨 패턴을 사용하세요.

READY

옷감

오가닉 양면 다이마루 2mm 스트라이프(브라운)

S: 1/32마, L: 1/16마

밀라노 시보리(브라운)

S: 44×3cm, L: 50.6×3cm

HOW TO MAKE

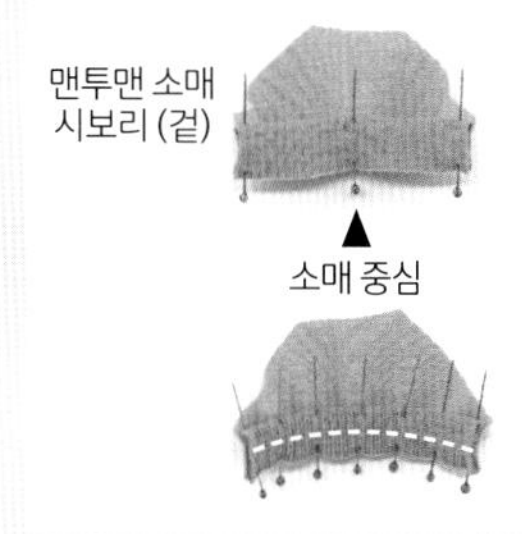

1 [맨투맨 소매 시보리]를 가로선을 따라 반으로 접은 후, [맨투맨 소매]의 중심→양 끝→나머지 구간 순서로 늘리면서 시침핀을 고정한다. 완성선을 따라 박음질한다.

2 시접을 안쪽으로 접고 상침한다.(디자인에 따라 생략 가능)

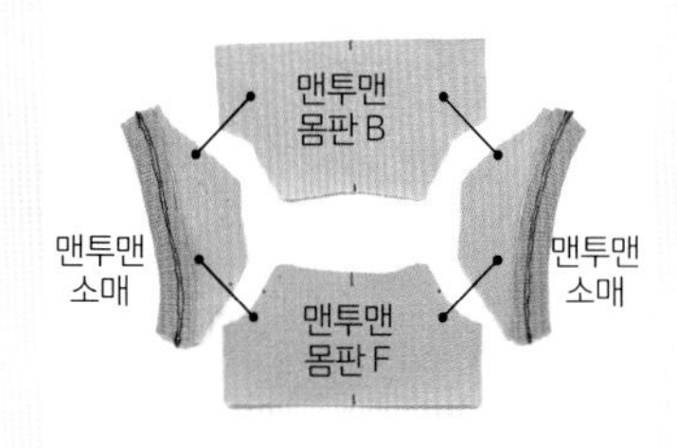

3 [맨투맨 몸판]과 [맨투맨 소매]를 연결한다.

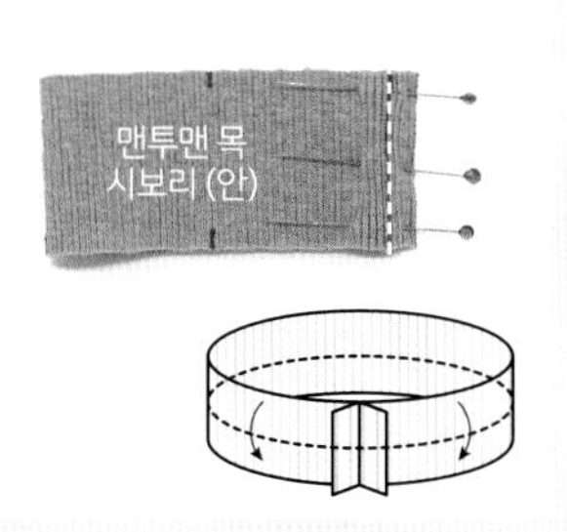

4 [맨투맨 목 시보리]를 박음질해 원통 형태로 만들고 가로선을 따라 접는다.

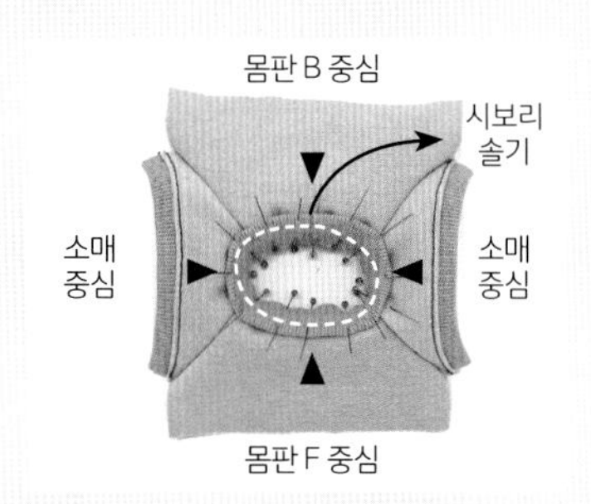

5 [맨투맨 목 시보리]를 [맨투맨 몸판-소매]의 너치에 맞춰 시침한 후 박음질한다. 이때 목 시보리의 솔기를 몸판 B나 소매에 위치시킨다.

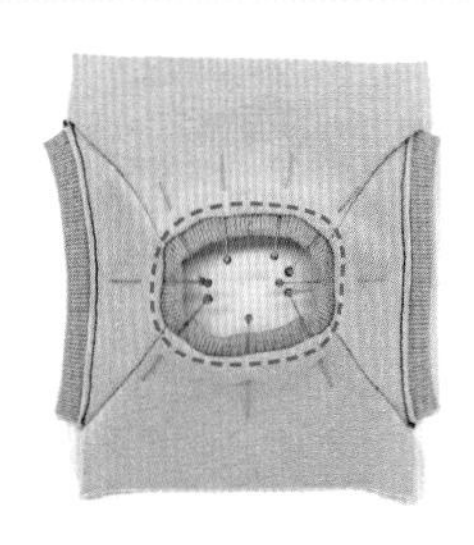

6 시접을 안쪽으로 접고 상침한다.(디자인에 따라 생략 가능)

7 옆선을 박음질한다.

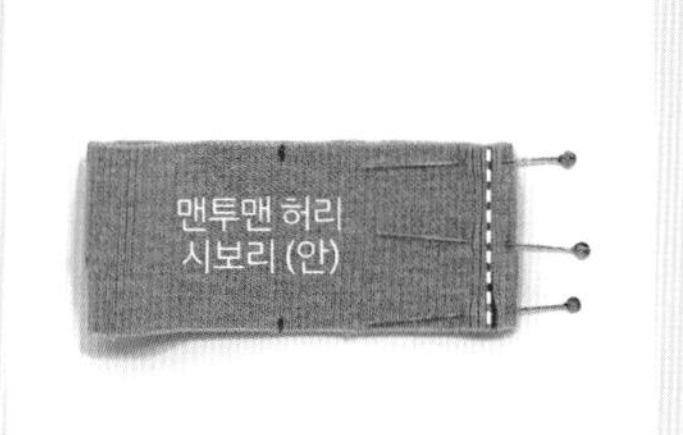

8 [맨투맨 허리 시보리]를 [맨투맨 목 시보리]처럼 박음질해 원통 형태로 만들고 가로선을 따라 접는다.

9 [맨투맨 몸판]에 [맨투맨 허리 시보리]를 시침핀으로 고정한 후 둘레를 박음질한다.

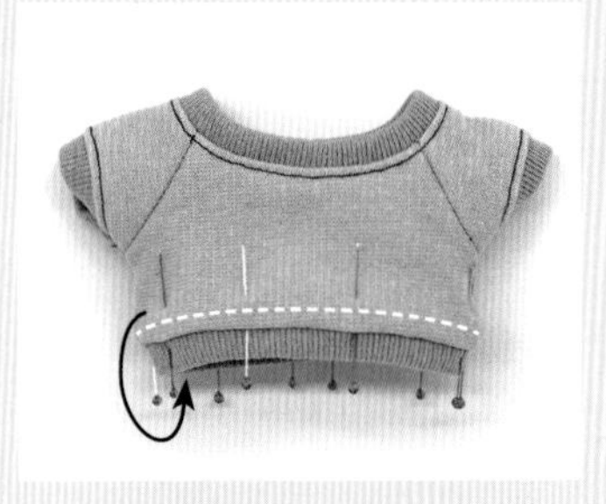

10 시접을 안쪽으로 접어 올리고 상침한다.(디자인에 따라 생략 가능)

11 맨투맨 완성.(위-시보리를 상침한 맨투맨, 아래-시보리를 상침하지 않은 맨투맨)

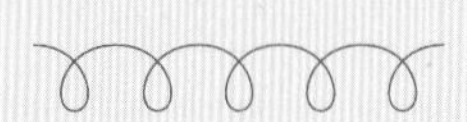

tip » 시보리 재봉 과정 자세히 보기

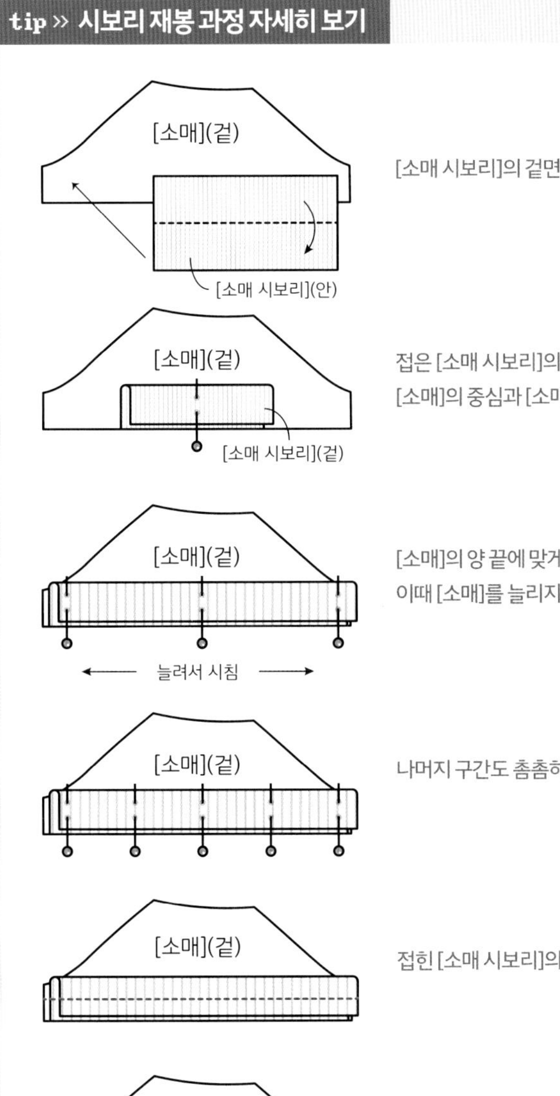

[소매 시보리]의 겉면이 보이도록 가로로 반 접는다.

접은 [소매 시보리]의 끝을 [소매]의 끝에 닿도록 그림처럼 올린다.
[소매]의 중심과 [소매 시보리] 중심을 맞추어 시침핀을 꽂아 고정한다.

[소매]의 양 끝에 맞게 [소매 시보리]를 늘려 시침핀으로 고정한다.
이때 [소매]를 늘리지 않도록 주의한다.

나머지 구간도 촘촘하게 시침하면 박음질할 때 수월하다.

접힌 [소매 시보리]의 중앙 가로선을 따라 박음질한다.

박음질 선을 기준으로 시접을 안쪽으로 접는다.

상침하면 옷을 입힐 때 시접이 걸리지 않아 편하다. 하지만 봉긋한 핏을 살리고 싶다면 상침을 생략해도 좋다.

후드티

개구쟁이 솜인형을 위한 필수템입니다. 다양한 색상을 조합하는 것만으로도 개성을 표현할 수 있어요. 도톰한 니트 원단을 여러 겹으로 연결해야 하므로 집중력을 요구합니다. 후드가 너무 크게 느껴진다면 장식용 후드 패턴을 사용하세요.

READY

옷감

미니 쭈리(수박색)

S: 1/8마, L: 1/8마

MVS 16수 스트라이프 니트(그린)

S: 1/32마, L: 1/16마

면 30수 2x1 립 시보리(수박색)

S: 29×3cm, L: 33.6×3cm

HOW TO MAKE

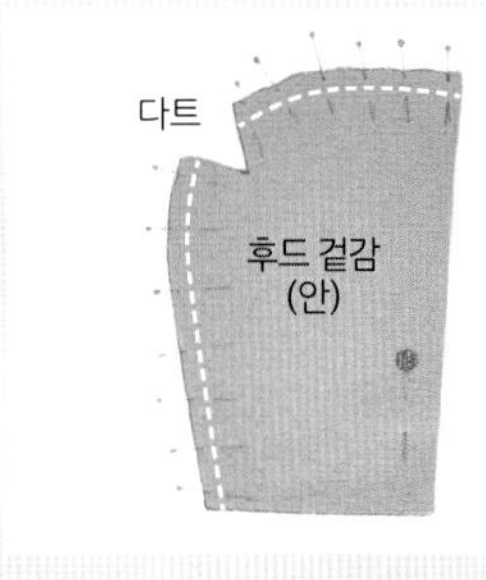

1 [후드 겉감] 2장을 겉끼리 맞대어 박음질한다. 이때 다트는 박음질하지 않고 남겨둔다.

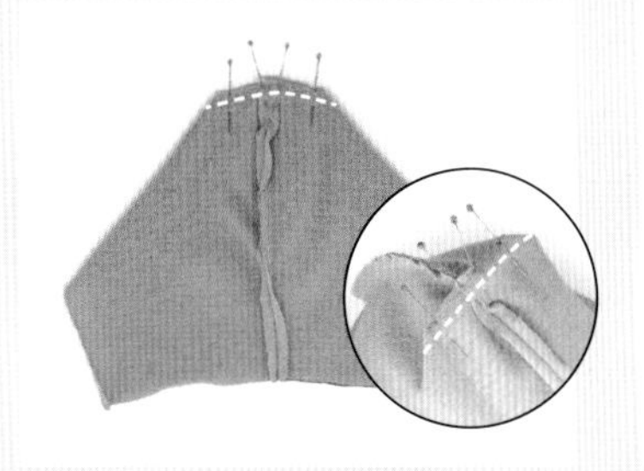

2 다트를 사진처럼 접어 박음질한다.

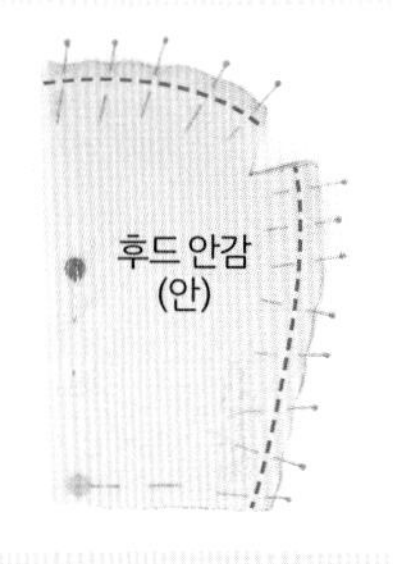

3 [후드 안감] 2장도 1~2와 동일하게 진행한다.

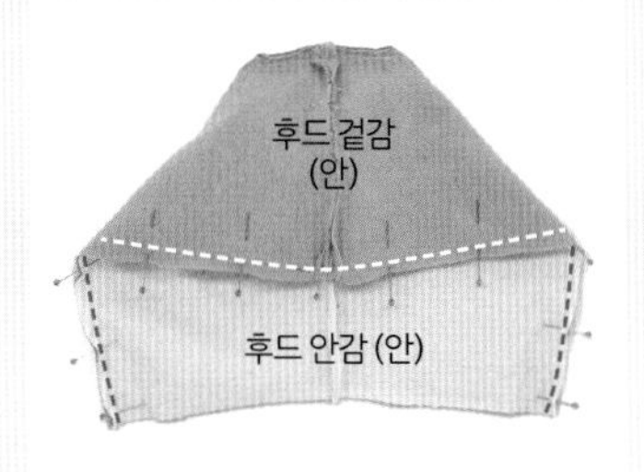

4 [후드 겉감]과 [후드 안감]을 겉끼리 맞대어 고정한 후 완성선을 박음질한다. 이때 후드 중심의 시접은 가름솔한다.

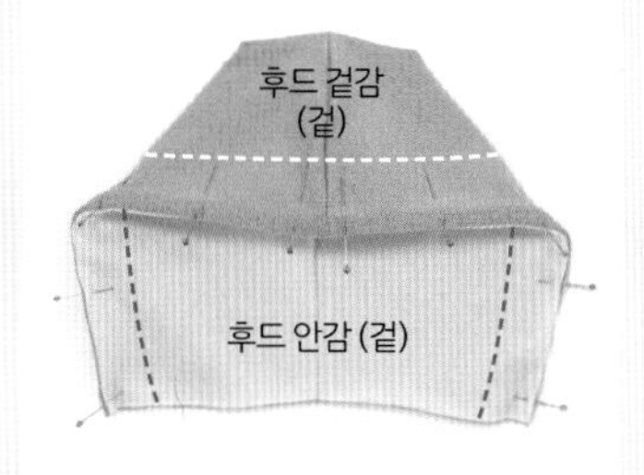

5 후드를 뒤집어 모양을 잡는다. 가장자리에서 넉넉하게 2~3cm 정도 안쪽에 상침한다.(디자인에 따라 생략 가능)

6 [후드 몸판]과 연결할 때 [후드 겉감]과 [후드 안감]이 어긋나지 않도록 완성선 아래 시접에 큰 땀으로 시침질해 임시로 고정한다.

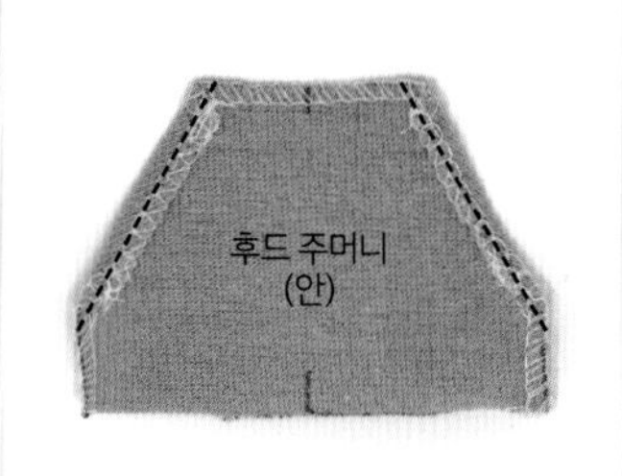

7 [후드 주머니]의 양쪽 입구를 완성선대로 접어 박음질한다.

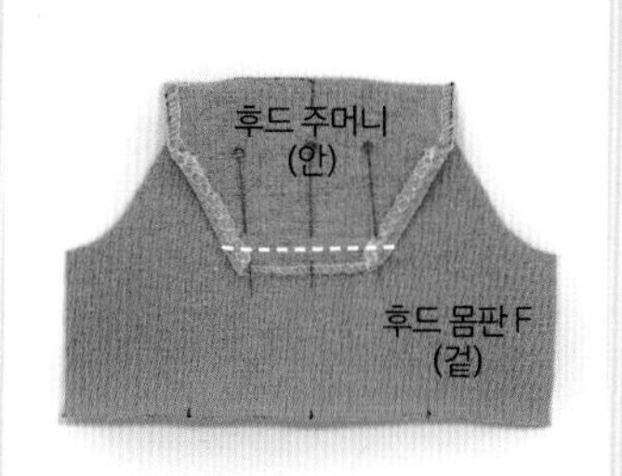

8 몸판 앞에 주머니 위치를 살짝 표시한 후, 사진대로 완성선에 맞춰 두고 박음질한다.

9 주머니의 옆선을 완성선대로 접는다.

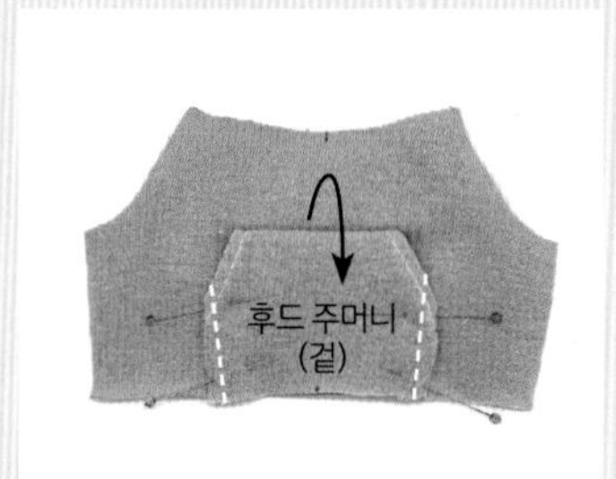

10 주머니의 겉면이 보이도록 내려 접은 후 주머니의 옆선을 박음질한다.

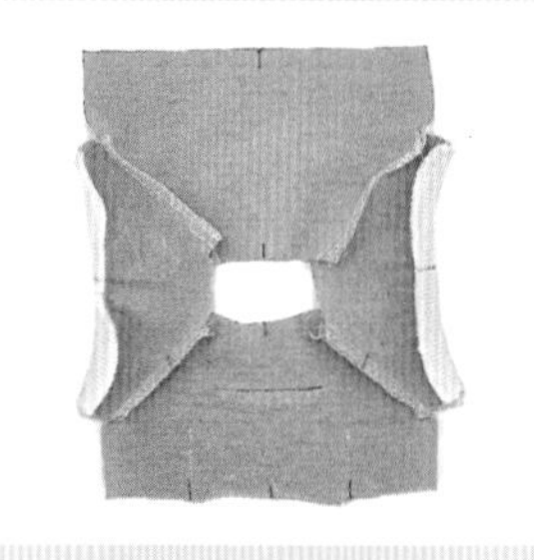

11 '맨투맨' 1~3과 동일하게 소매에 시보리를 달고 몸판과 소매를 모두 연결한다.

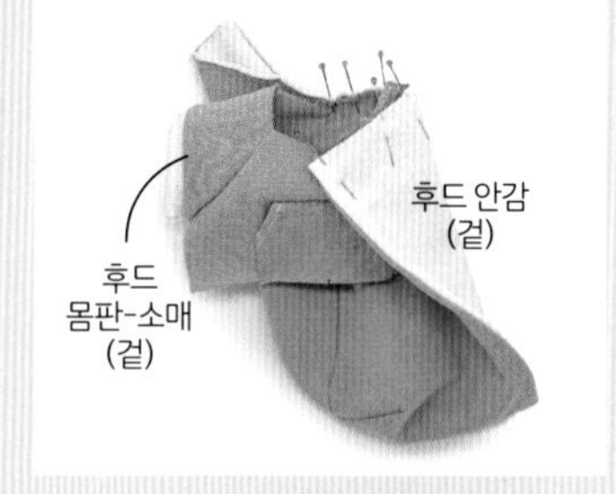

12 [후드 몸판-소매]와 [후드 겉감-안감]을 겉감끼리 맞대어 시침핀으로 고정한다. 무리해서 한 번에 박음질하는 것보다 아래처럼 구간을 나누어 연결하는 것이 더 수월하다. 일단 [후드 몸판] 앞중심~뒷중심을 시침한다.

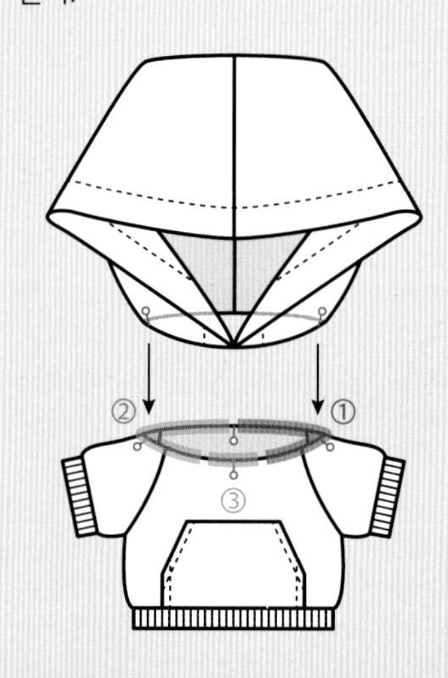

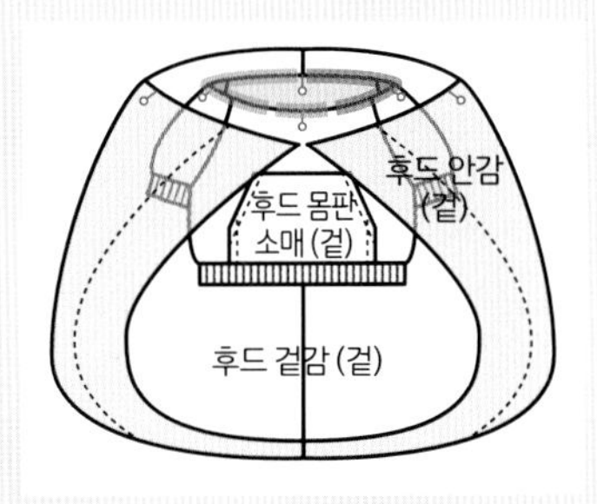

13 앞중심쪽 1~2cm 정도를 남겨두었다가 마지막 단계에서 후드 양 끝을 맞춰 예쁘게 만든다. 혹은 큰 땀으로 둘레를 시침질한 후, 한 번에 박음질해도 괜찮다.

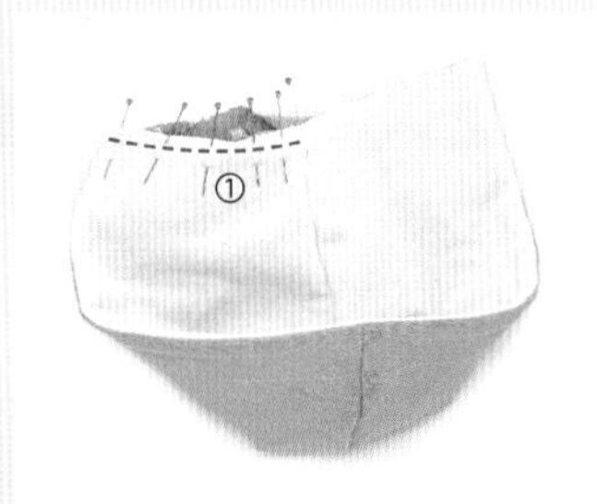

14 ①구간을 박음질한다.

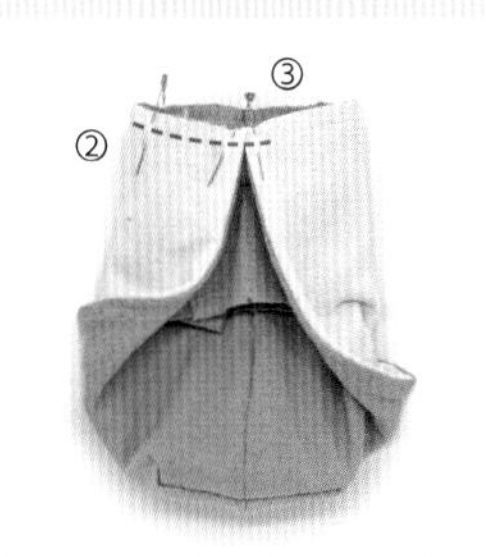

15 ②구간을 박음질하고, 후드 양 끝이 앞중심선에서 만나도록 맞춘다. 남은 ③구간을 완성선대로 박음질한다. ③구간은 옷을 입고 벗기는 과정에서 특히 당겨지는 부분이므로 더 튼튼하게 박음질한다.

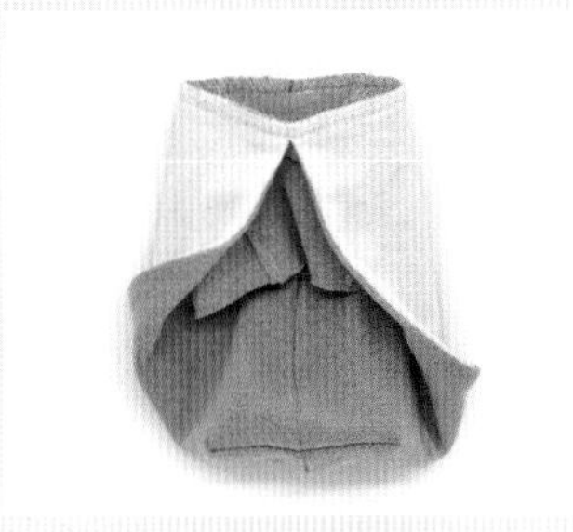

16 시접을 정리한다.

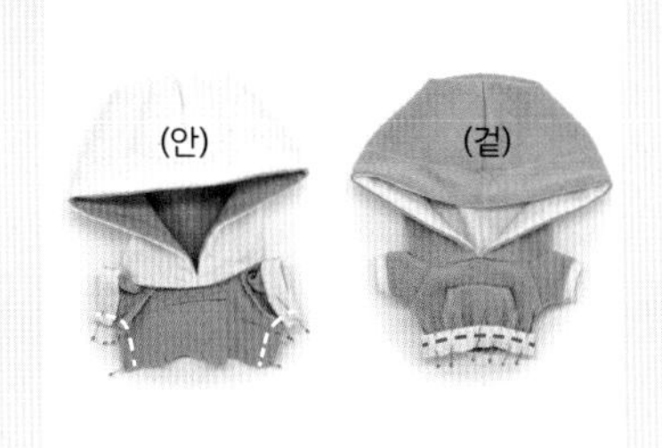

17 옆선 박음질과 허리 시보리 달기는 '맨투맨' 7~10과 동일하게 진행한다.

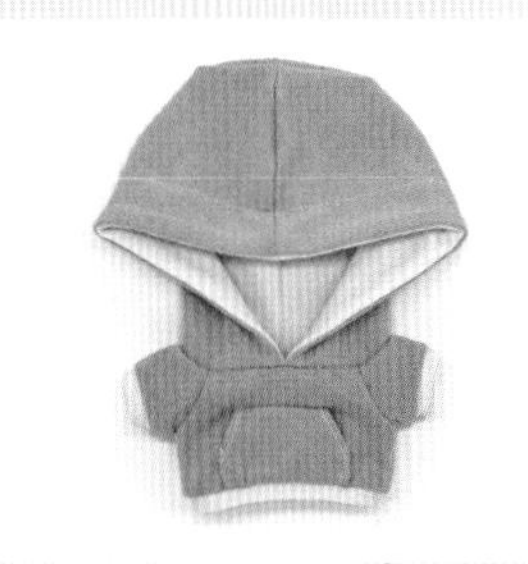

18 후드티 완성.

03

솜뭉치의 데일리 룩

멜빵바지

귀여운 솜인형에게 너무나 잘 어울리는 바지입니다. 원단과 대비되는 색상의 실로 상침하면 멋스러운 포인트가 생깁니다. 멜빵 안에 도톰한 이너를 입히고 싶다면 넉넉한 사이즈로 만들거나 늘어나는 원단을 사용하는 것이 좋습니다. 위 사진처럼 바지 밑위선에 스티치 장식을 더하고 싶다면 절개 버전 패턴을 사용해주세요.

옷감

면 혼방(파우더소라)

S: 1/16마, L: 1/16마

부자재

4mm 미니 단추(실버) 2개

⅙ 인형용 9mm 금속 버클 2개

HOW TO MAKE

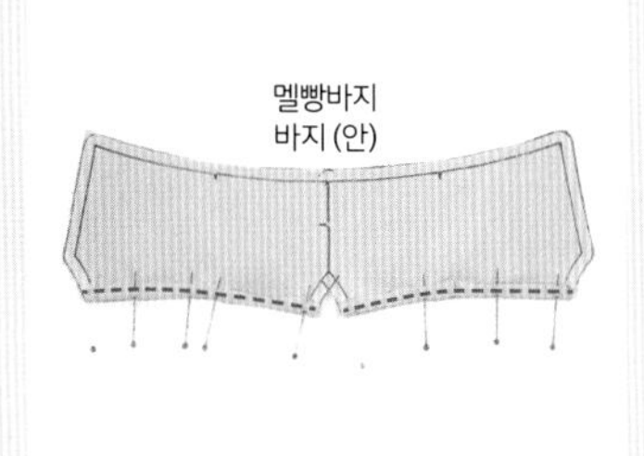

1 [멜빵바지 바지] 밑단을 완성선대로 접고 상침한다.

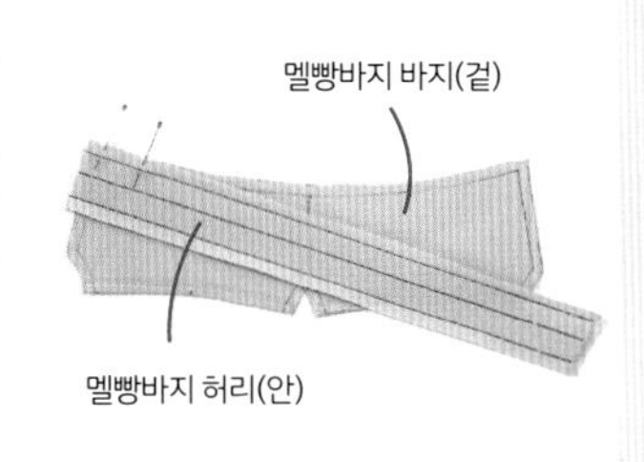

2 [멜빵바지 바지]와 [멜빵바지 허리]를 겉끼리 맞대고 연결선을 시침핀으로 고정한다.

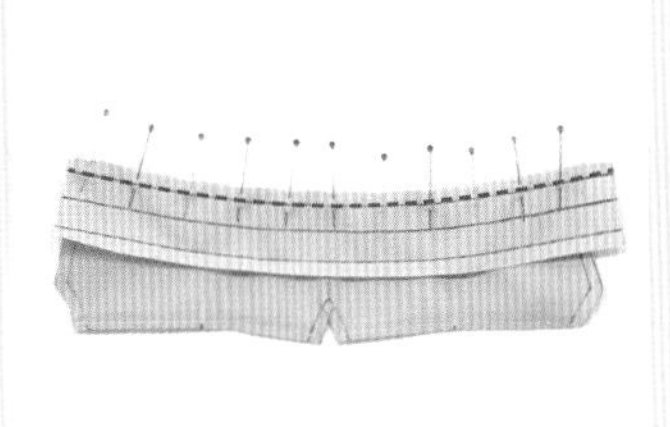

3 패턴에 표시된 [멜빵바지 허리]의 ⓐ선을 박음질한다.

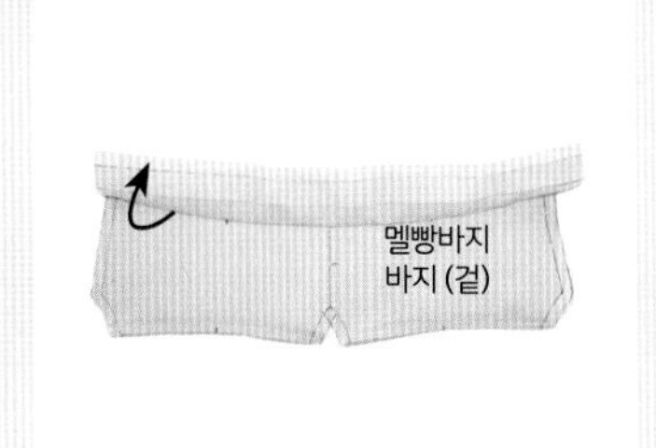

4 [멜빵바지 허리]를 겉이 보이도록 위로 접는다.

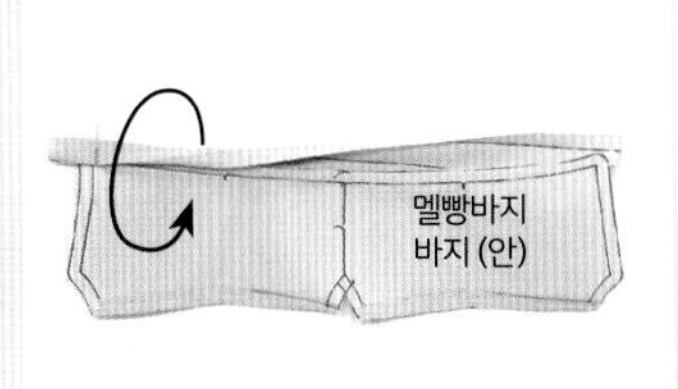

5 ⓑ선을 접고 안쪽면에서 ⓒ선을 접어 시침한다.

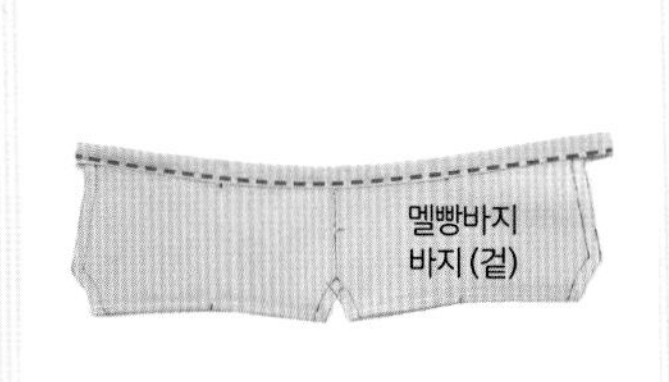

6 안쪽으로 접은 [멜빵바지 허리]가 고정되도록 겉면에서 상침한다.

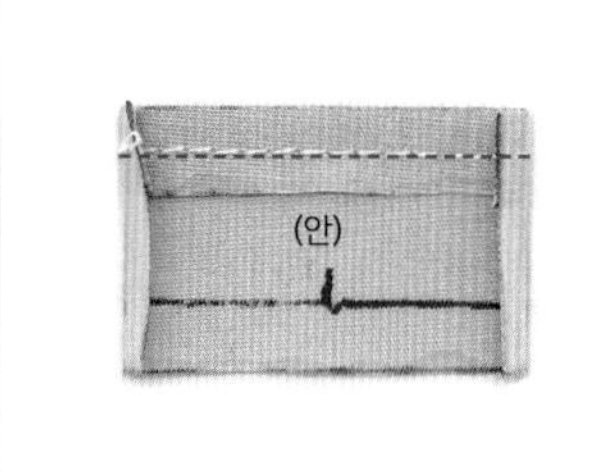

7 [멜빵바지 주머니]의 입구 부분을 접어 상침한다.

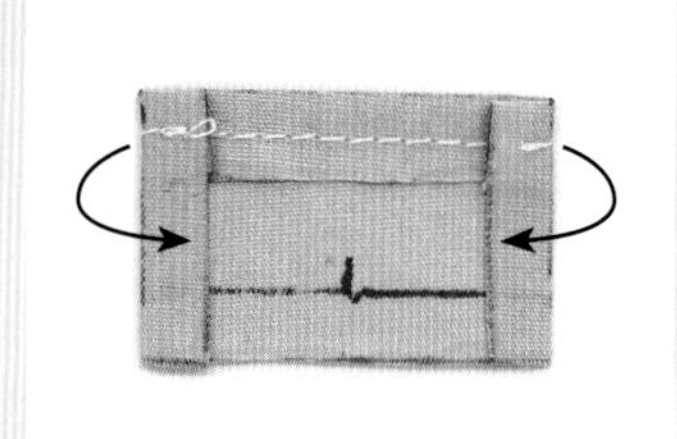

8 양 옆선을 완성선대로 접는다.

9 [멜빵바지 몸판 겉감]과 [멜빵바지 주머니]의 아랫부분 중심선을 맞춘다. 몸판과 주머니 모두 겉면이 보이게 두고 옆선을 상침한다.

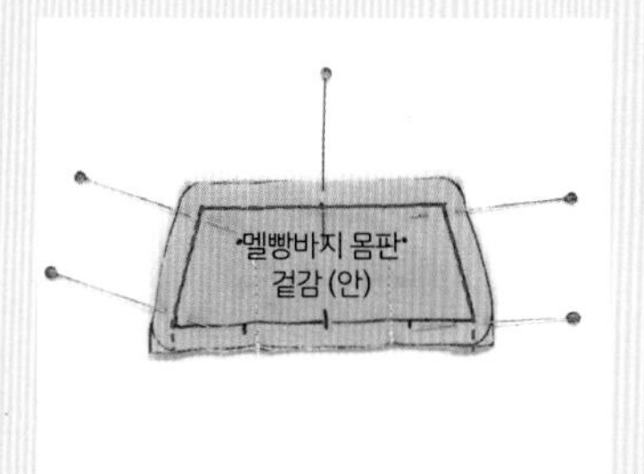

10 [멜빵바지 몸판 겉감]과 [멜빵바지 몸판 안감]을 겉끼리 맞대어 아랫부분을 제외하고 박음질한다.

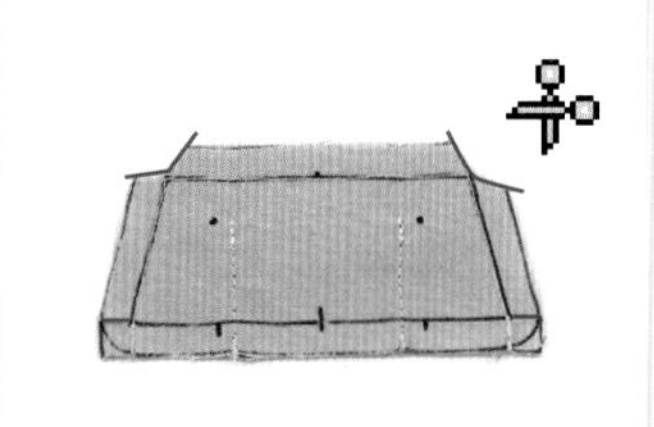

11 가위집을 내고 아랫부분을 통해 뒤집는다.

12 테두리를 상침한다. 원단과 대비되는 색의 실로 상침하면 포인트 장식이 된다.

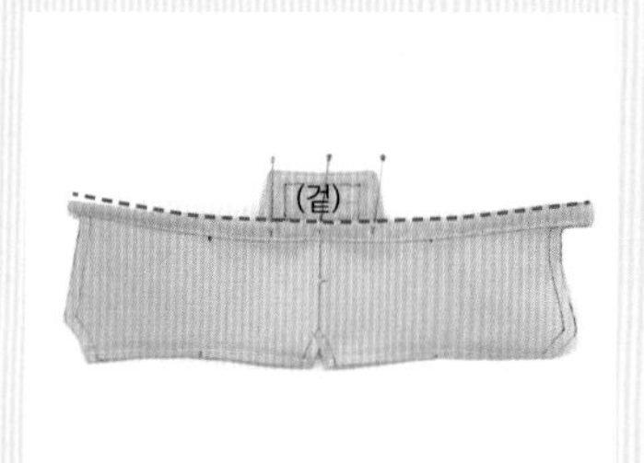

13 [멜빵바지 허리]의 위쪽 가장자리를 상침할 때 [멜빵바지 몸판]도 같이 박아 연결한다.

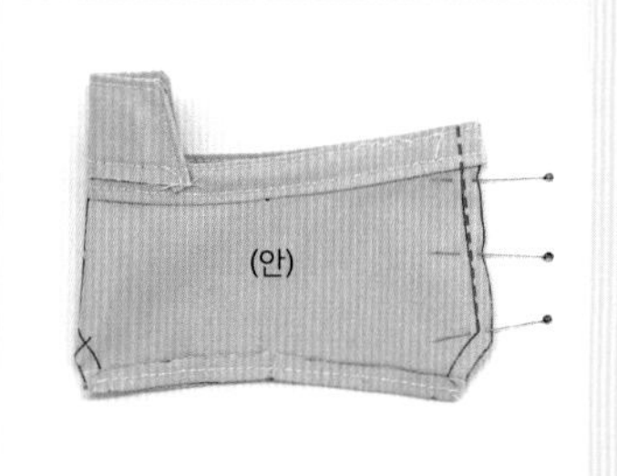

14 옷 뒷면의 밑위선을 박음질한다.

15 시접은 가른다.

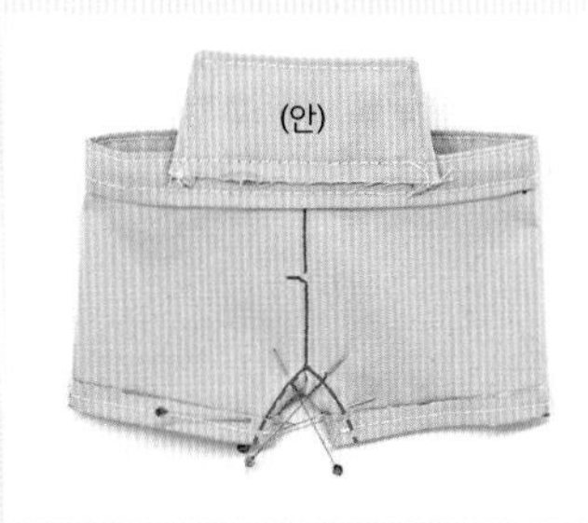

16 가랑이 부분을 박음질한다.

17 가위집을 내고 겉면이 겉으로 오도록 옷감을 뒤집는다.

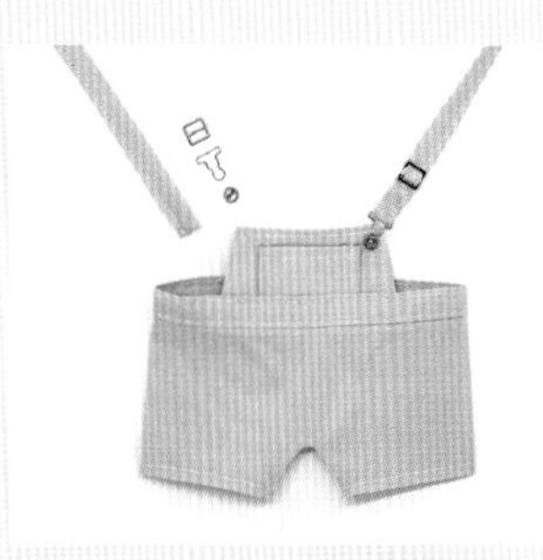

18 끈을 2개 만들고(50p 참고) 인형용 멜빵 부자재를 달아준다. 벨크로나 스냅 단추로 대체 가능하다.

19 인형에 입혀 끈 길이를 가늠한다. 끈 길이가 결정되면 바지에 달 위치를 정해 상침한다.

20 멜빵바지 완성.

04

솜뭉치의 데일리 룩

테니스 스커트

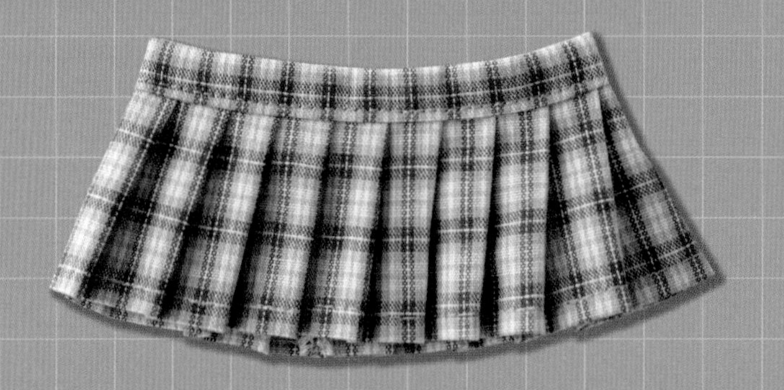

일상복이나 스쿨룩 코디에 활용하기 좋은 의상으로, 단정하면서도 발랄한 분위기의 스커트입니다. 주름을 하나씩 접고 다림질로 고정하기 때문에 다림질이 불가능한 원단은 피해주세요. 주름 간격을 다르게 하면 색다른 형태의 치마로도 완성할 수 있습니다.

READY

옷감

면 30수 선염 체크(민트)

S:(허리)16×2.4cm (치마)32×4.7cm, L:(허리)19×3cm (치마)38×5 .2cm

HOW TO MAKE

1 [테니스 스커트 치마] 밑단을 완성선대로 접어 상침한다.

2 주름 간격을 1cm마다 표시한다. 1cm 띄우고 안쪽으로 1cm를 접기를 반복한다. 주름 양을 변경하고 싶다면 안쪽으로 접히는 주름의 너비를 허리 둘레에 더해서 원단을 재단한다.

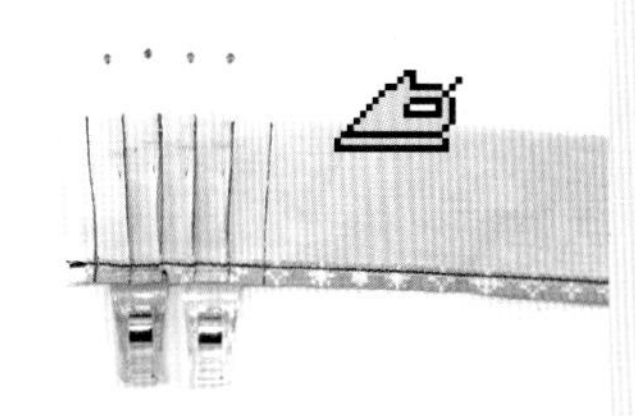

3 주름을 접고 다림질해가며 모양을 고정한다. 러플러 노루발을 사용하면 주름을 빠르게 만들 수 있지만 손으로 접는 것만큼 일정한 모양으로 만들기는 힘들다.

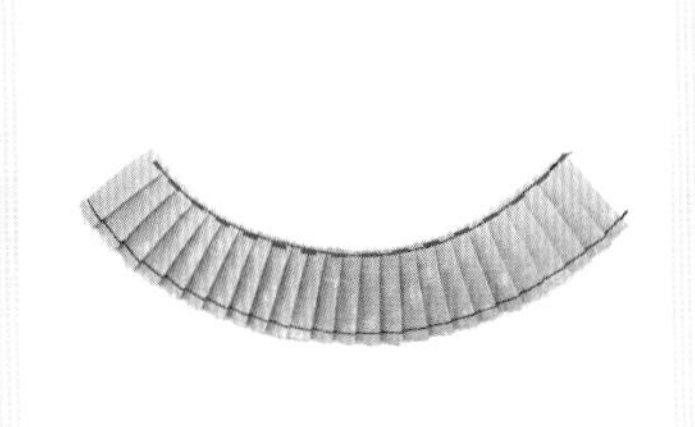

4 시접 부분에 시침질을 해서 주름을 임시로 고정한다.

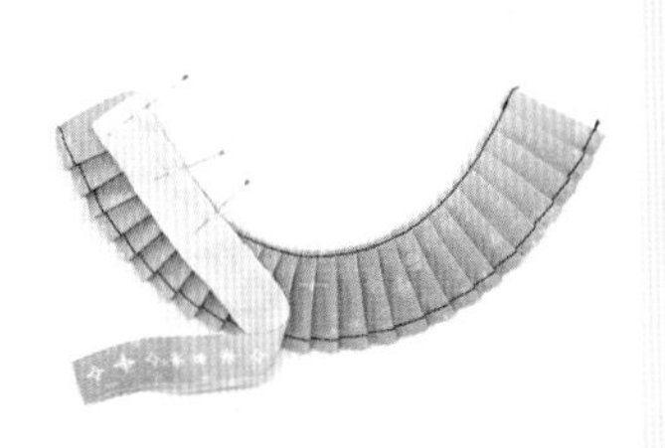

5 [테니스 스커트 허리]와 [테니스 스커트 치마]를 겉끼리 맞대고 시침한다.

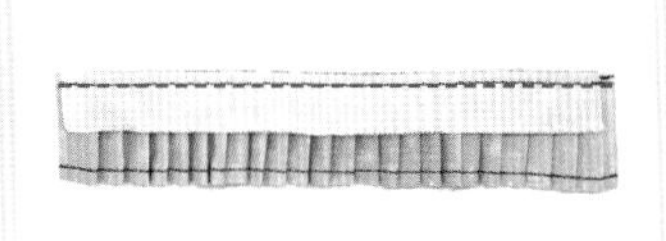

6 완성선을 박음질한다.

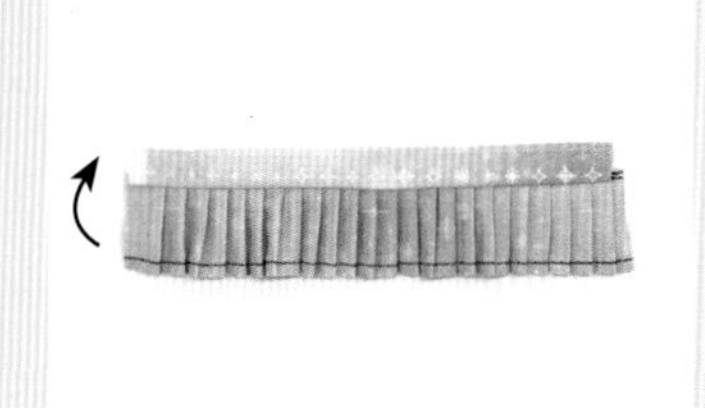

7 [테니스 스커트 허리]는 겉감이 보이도록 위쪽으로 올려 접는다.

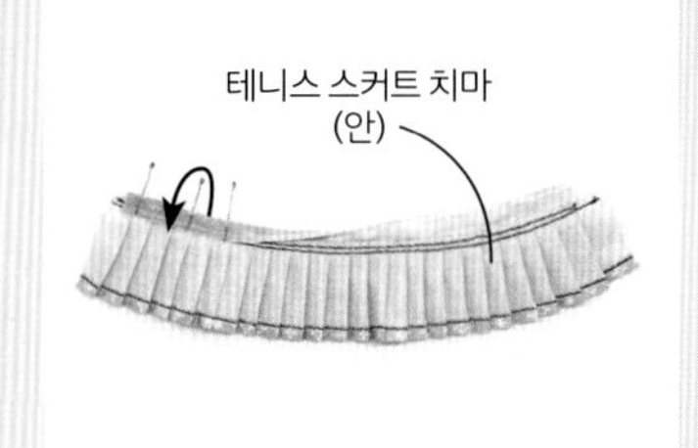

8 [테니스 스커트 허리]를 접어 6의 박음질 선을 덮고 시침핀으로 고정한다.

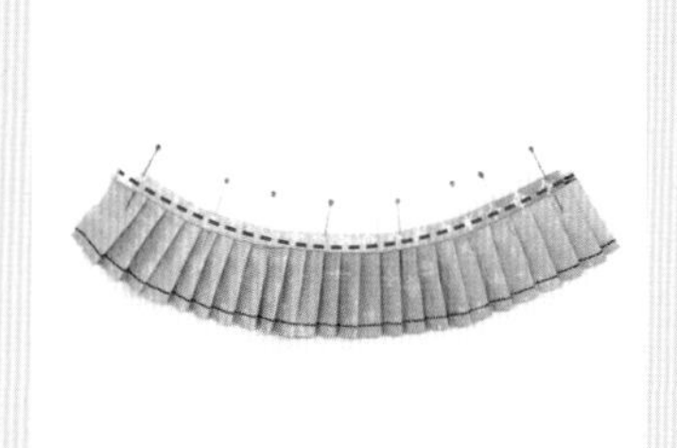

9 안쪽면으로 접은 [테니스 스커트 허리]가 고정되도록 겉면에서 상침한다.

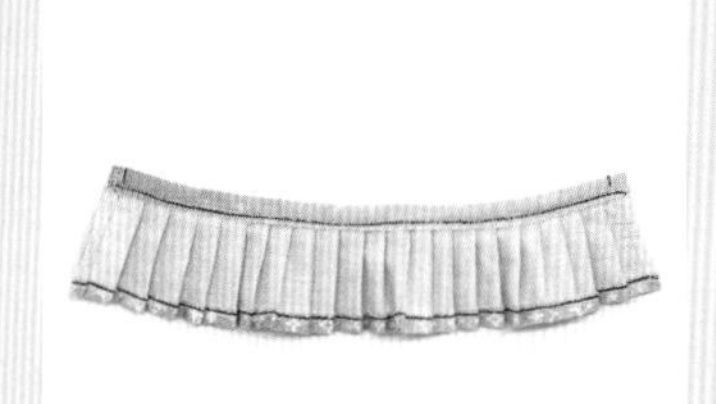

10 양 끝에 올이 풀리지 않도록 처리한다.

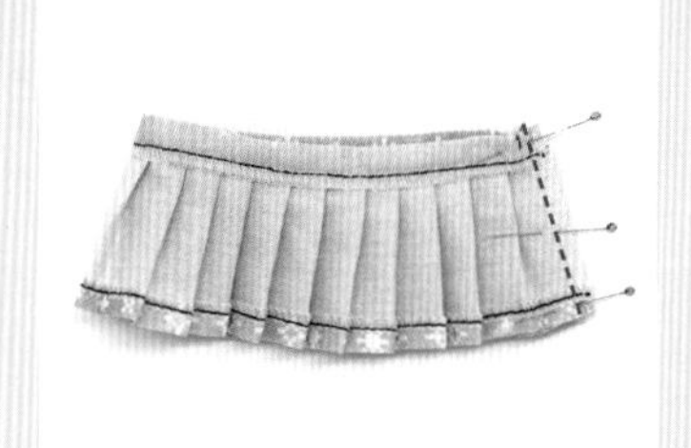

11 양 끝이 겉끼리 맞닿도록 접고 완성선대로 박음질해서 연결한다. 박음질 대신 벨크로나 스냅 단추를 달아 완성하는 방법도 있다.

12 시접은 가름솔한다.

13 테니스 스커트 완성.

tip » 주름 접는 방법

사선의 높은 쪽에서 낮은 쪽으로 접는다.

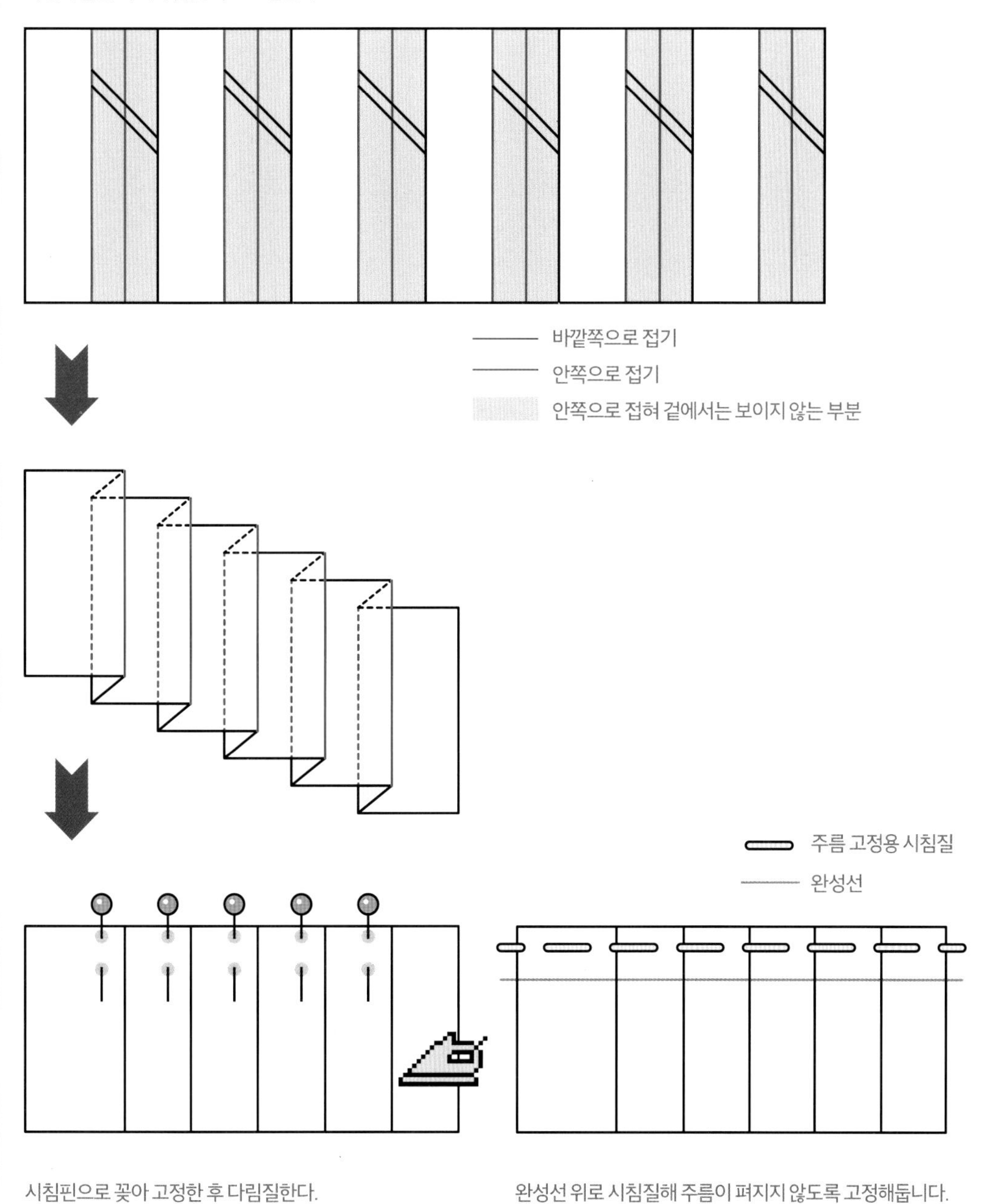

시침핀으로 꽂아 고정한 후 다림질한다.

완성선 위로 시침질해 주름이 펴지지 않도록 고정해둡니다.

솜뭉치의 데일리 룩

05

스타디움 재킷

캐주얼한 아우터로 다양한 옷과 코디하기 좋아 활용도가 높은 재킷입니다. 소매 배색을 넣어 스포티한 느낌을 더해보세요! 안감이 따로 없어 만드는 과정이 간단합니다. 적당한 지퍼가 없다면 스냅 단추나 벨크로를 달아 마무리해도 좋습니다.

READY

옷감

(몸판) 메탈사 트위드
S: 1/32마, L: 1/32마
(소매) 면 16수 후라이스(검정)
S: 1/32마, L: 1/32마
(시보리) 면 20수 스트라이프 니트(검정)
S: 45×3cm, L: 56×3cm

부자재

인형용 미니 지퍼
S: 6cm, L: 7cm

HOW TO MAKE

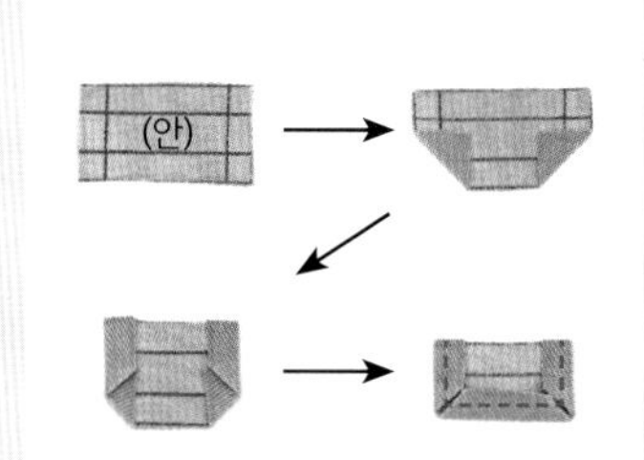

1 [스타디움 재킷 주머니]를 윗부분을 제외하고 접어 박음질하거나 본드로 고정한다.

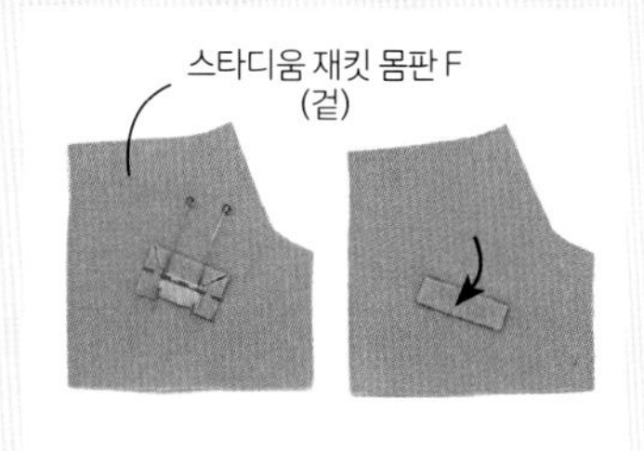

2 [스타디움 재킷 몸판 F] 겉면에 주머니를 달 위치를 살짝 표시한다. 주머니를 박음질하고 밑단 방향으로 접어 공그르기하거나 본드로 붙여 고정한다.

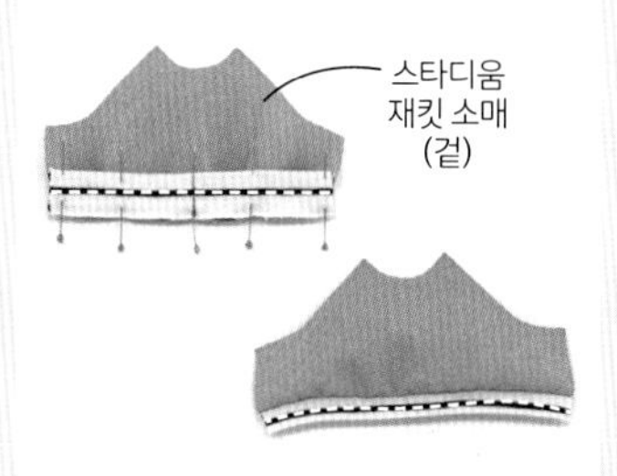

3 '맨투맨' 소매와 동일한 방법(75p 참고)으로 [스타디움 재킷 소매 시보리]를 [스타디움 재킷 소매]에 연결한다.

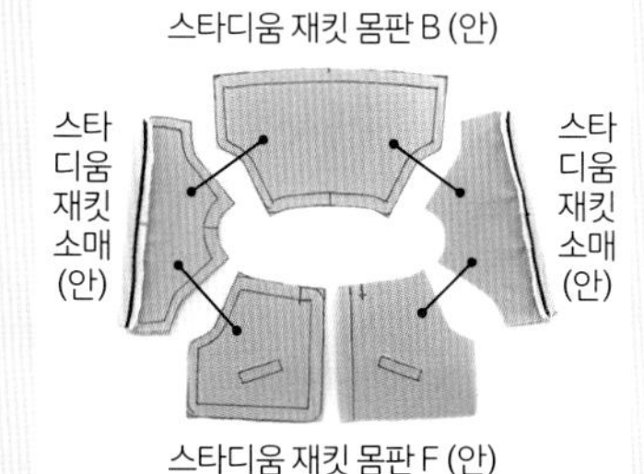

4 [스타디움 재킷 몸판 F, B]와 [스타디움 재킷 소매]를 연결한다.

5 옆선을 박음질한다.

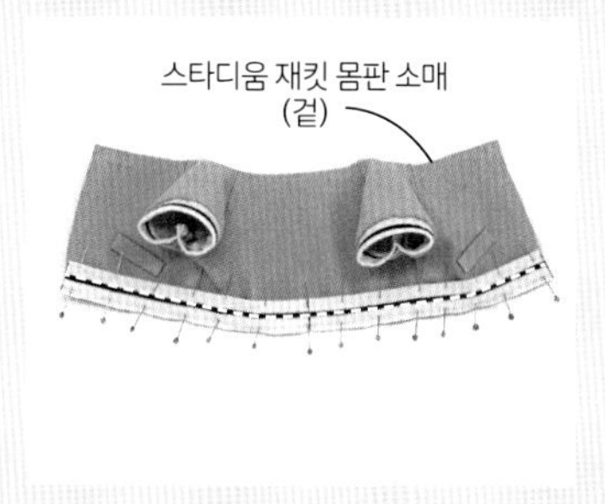

6 [스타디움 재킷 밑단 시보리]를 몸판 밑단에 연결한다.

7 시접을 몸판 안쪽으로 올려서 접고 상침해서 고정한다.(상침은 생략 가능)

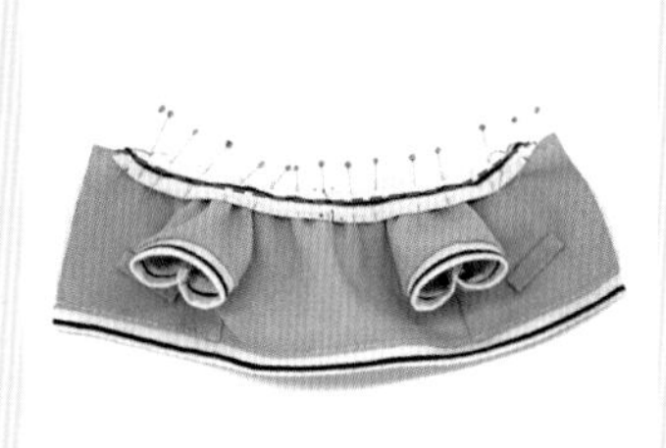

8 [스타디움 재킷 목 시보리]를 몸판 목선에 연결한다.

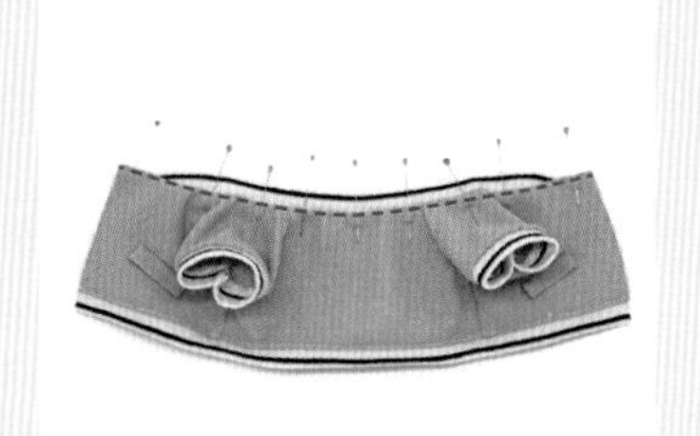

9 시접을 몸판 안쪽으로 내려서 접고 상침해서 고정한다.(상침은 생략 가능)

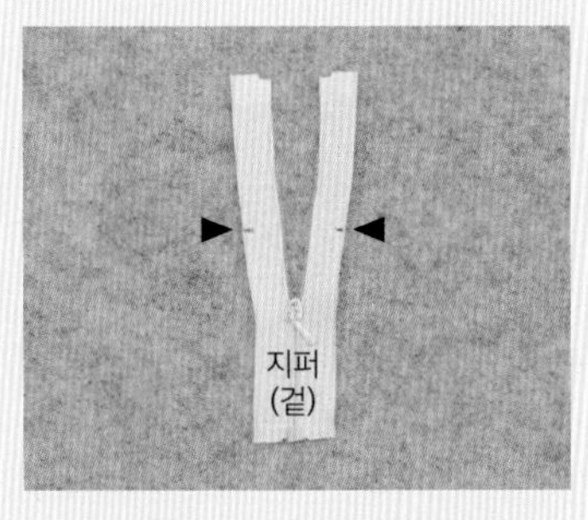

10 오픈형 지퍼를 준비하고 필요한 길이를 표시한다.

11 표시한 지점의 윗부분을 사진처럼 대각선으로 접는다.

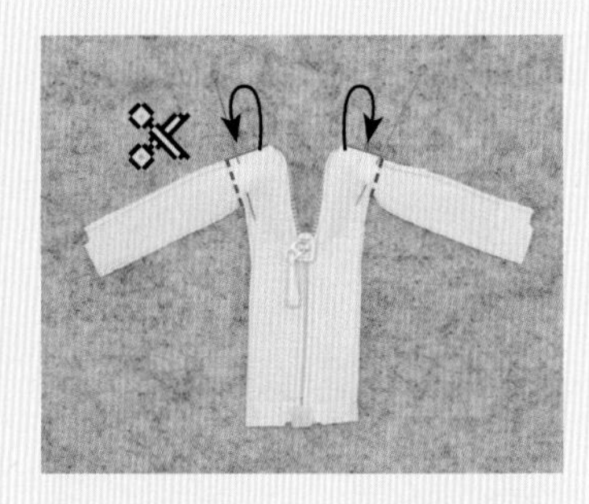

12 10에서 표시한 지점을 따라 한 번 더 접은 후 박음질로 고정한다. 필요 없는 부분은 잘라낸다.

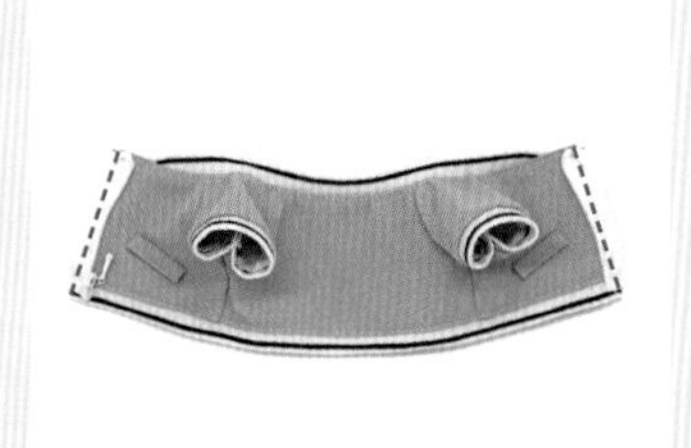

13 지퍼와 재킷 몸판을 겉끼리 맞대고 박음질한다. 재봉틀의 지퍼 노루발을 사용하는 경우 안전에 유의하며 천천히 진행한다.

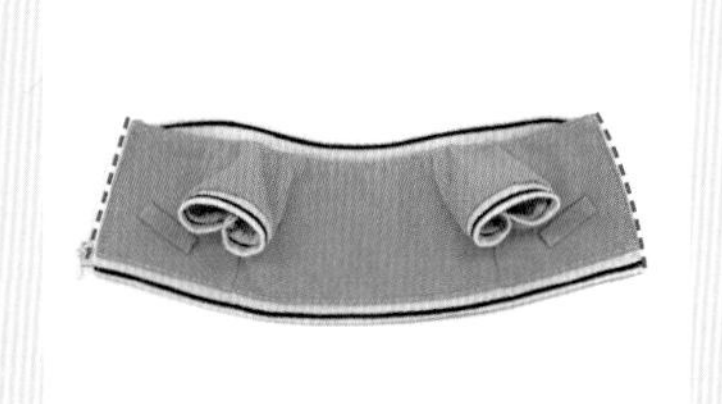

14 시접을 몸판 안쪽으로 접고 상침해 고정한다.

15 스타디움 재킷 완성.

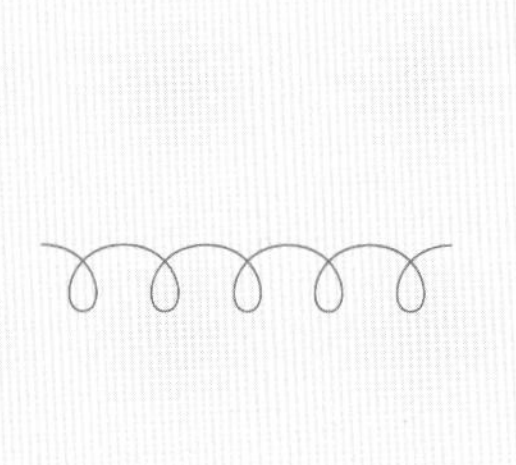

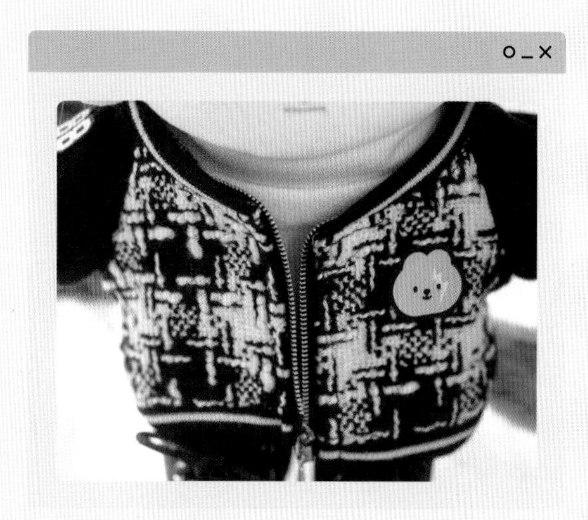

솜뭉치의 데일리 룩

06

야구 모자

개구쟁이 솜인형에게 잘 어울리는 모자입니다. 여러 장의 패턴 조각을 퍼즐처럼 맞춰가는 즐거움을 느낄 수 있어요. 접착심지는 원단에 두께나 힘을 더해주는 재료로 인형 옷을 만들 때 유용하게 쓰입니다.

READY

옷감

겉감: 워싱 리넨(연블루)
S: 1/8마, L: 1/8마

안감: 리넨 면혼방(스트라이프)
S: 1/16마, L: 1/16마

부자재

가방 접착심지 3.5T
S: 1/16마, L: 1/16마

12mm 하트 티단추 1쌍

16mm 싸개 단추 1개

HOW TO MAKE

1 [야구 모자 F 겉감] 4장의 안쪽 면에 완성선에 맞춰 자른 심지를 붙인다. 심지의 본드가 다리미에 묻지 않도록 심지 위에 얇은 천을 덮고 다림질해 붙인다.

2 [야구 모자 F 겉감]과 [야구 모자 B 겉감] 2장을 각각 겉면끼리 맞대고 박음질한다. 이때 심지를 박지 않도록 주의하고 꼭짓점 부분은 딱 완성선까지만 박는다.

3 시접에 가위집을 내고 가름솔한다. 이때 원단 고정용 풀이나 일반적인 딱풀을 시접에 소량 바른 후 다림질로 고정하면 이후 과정이 수월하다.

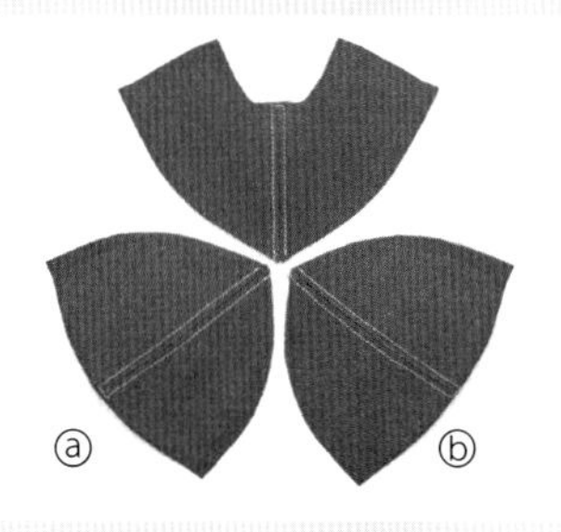

4 연결선 양쪽을 상침한다. 장식용이므로 생략 가능하다.

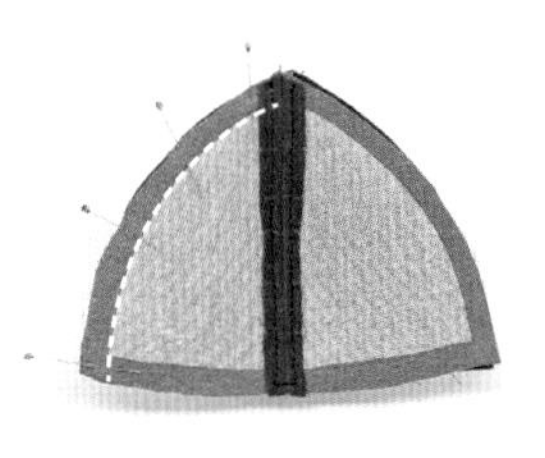

5 ⓐ와 ⓑ를 겉끼리 맞대어 총 4장이 연결되도록 박음질한다. 연결 부분은 3~4와 동일하게 처리한다.

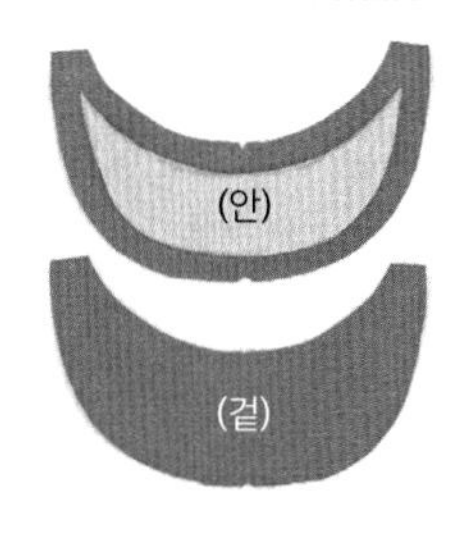

6 [야구 모자 챙] 2장 중 1장에 심지를 붙인다. 이때 심지는 완성선보다 1mm 작게 만들어 중앙에 부착한다. 더 탄탄하게 모자를 만들고 싶다면 심지를 2장 이상 겹쳐 붙인다. 아래쪽 챙에 심지를 붙여야 예쁜 모양으로 완성된다.

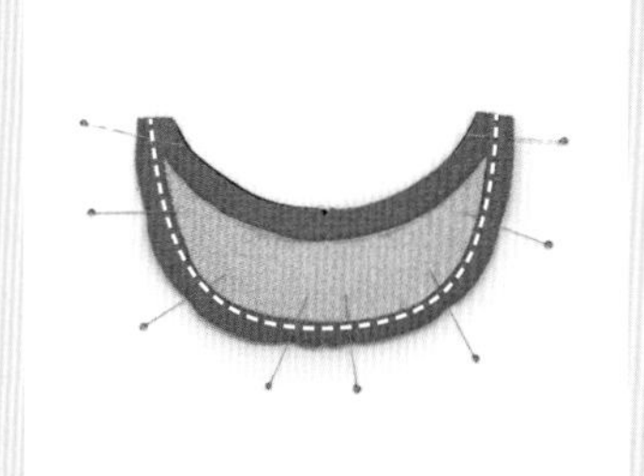

7 [야구 모자 챙] 2장을 겉끼리 맞대고 겹친 후, 바깥쪽의 완성선을 따라 박음질한다.

8 챙의 바깥쪽에 가위집을 낸다.

9 챙의 겉면이 보이도록 옷감을 뒤집은 후 테두리에 장식용 상침을 한다. 디자인에 따라 상침은 생략 가능하다. 이때 다림질하면 더 깔끔한 모양으로 완성할 수 있다.

10 5의 [야구 모자 F 겉감]과 [야구 모자 챙]을 겉끼리 맞대고 중심점을 맞춰 연결한다. [야구 모자 챙] 연결 부분에 가위집을 내고 시접을 벌리면서 시침하면 수월하다.

11 시접을 [야구 모자 F 겉감] 안쪽으로 모두 올려 접는다. 시접이 고정되도록 본드로 붙이거나 바깥면에서 상침해 고정한다.

12 '끈 만드는 방법'(50p 참고)을 따라 한쪽이 마감된 끈인 [야구 모자 백 스트랩]을 만든다.

13 [야구 모자 B 겉감]과 [야구 모자 백 스트랩]을 겉끼리 맞대고 시침질해 임시로 고정한다.

14 [야구 모자 F 겉감]과 [야구 모자 B 겉감]을 연결한다. 시접 처리와 장식용 상침은 3~4와 동일하게 진행한다.

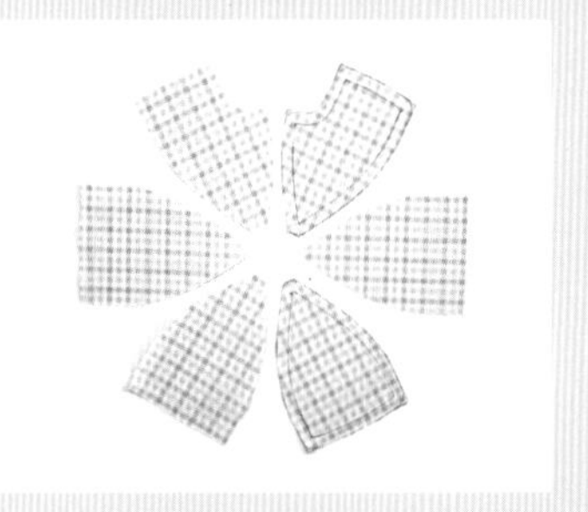

15 안감을 준비한다. 안감에는 심지를 붙이지 않는다.

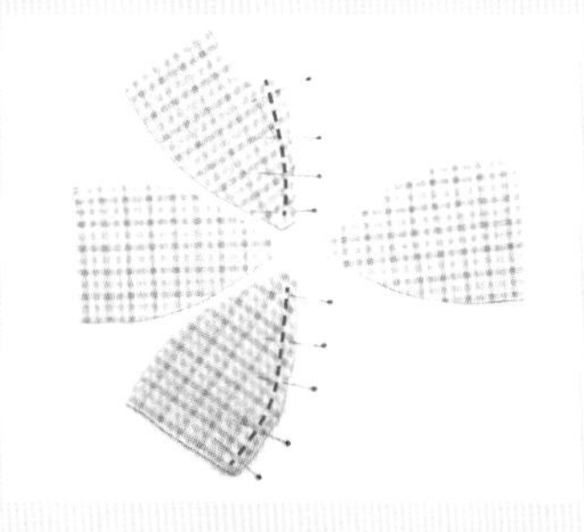

16 [야구 모자 F 안감] 2장, [야구 모자 B 안감] 2장을 각각 박음질해 연결한다.

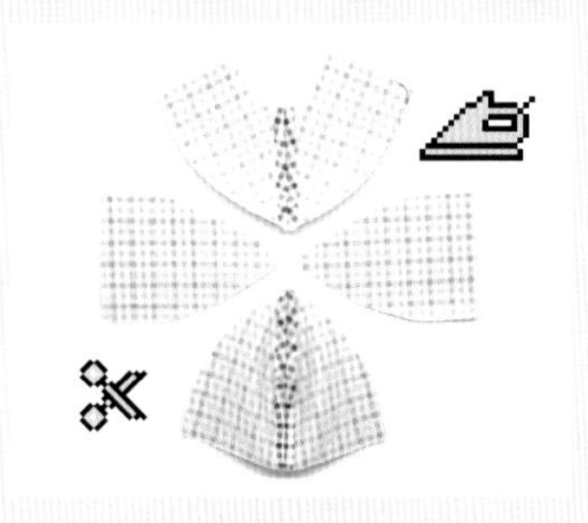

17 3과 동일하게 시접은 가름솔해 고정한다. 상침은 생략한다.

18 남은 [야구 모자 F 안감]을 1장씩 추가해 연결한다.

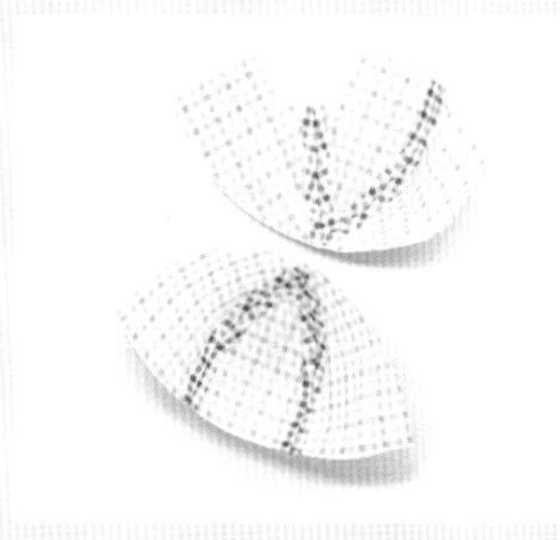

19 안감이 3장씩 연결된 모습.

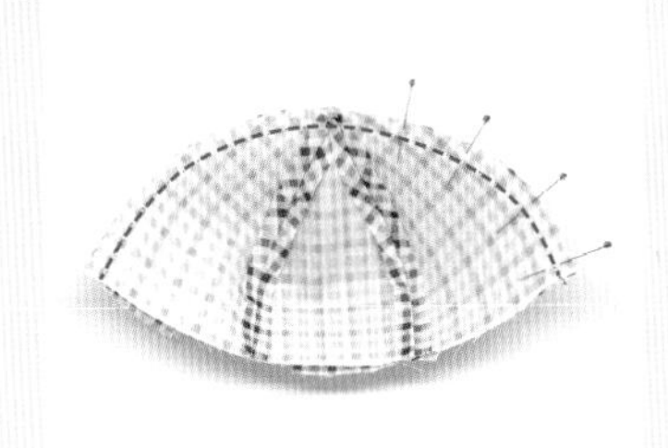

20 3장짜리 안감을 겉끼리 겹쳐 한 번에 연결한다.

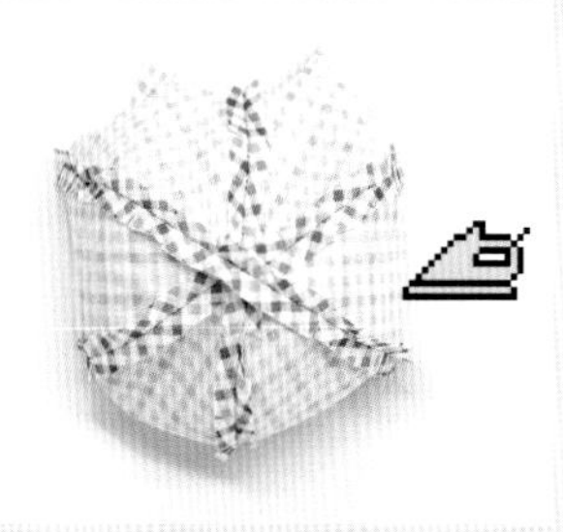

21 시접을 가름솔한 후 다림질로 고정한다.

22 [야구 모자 겉감]과 [야구 모자 안감]의 겉끼리 맞대어 겹쳐 챙 부분을 제외하고 모두 박음질한다.

23 모자 뒷부분 시접에 가위집을 내고 뒤집는다.

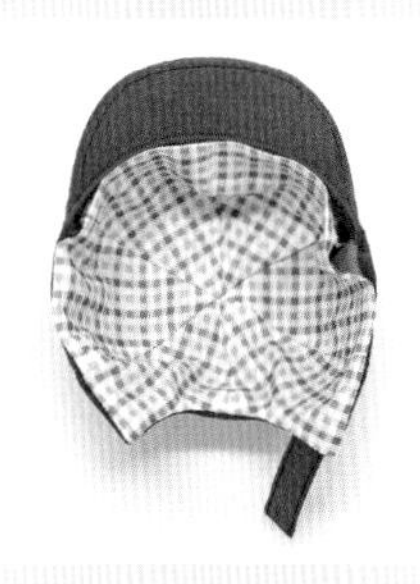

24 다림질한 후 챙 부분의 안감을 정리해 공그르기 하거나 원단용 본드 등으로 구멍을 막는다.

25 뒷면에 가시도트나 스냅 단추 혹은 벨크로를 단다.

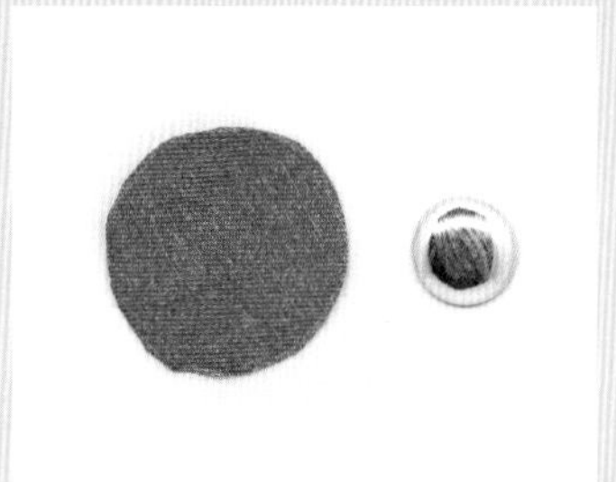

26 싸개 단추 뚜껑과 그 지름의 2배 크기의 원 모양 원단을 준비한다.(싸개 단추는 다이소에서 구매할 수 있으며, 사람 옷에 사용하는 비슷한 크기의 단추로 대체 가능하다.)

27 원단의 테두리를 홈질한 후 싸개 단추를 넣고 실을 당겨 오므린다.

28 싸개 단추를 감싸서 고정한다.

29 글루건이나 본드로 모자 위에 붙인다. 야구 모자 완성.

NEW
POST

계절별 솜뭉치 코디

계절별 솜뭉치 코디

01

세라 칼라 상의

'라운드 티셔츠'의 뒷여밈을 앞여밈으로 변경하고 칼라를 달아 변형한 의상입니다. 전체적인 제작 과정은 '셔츠'와 비슷하지만 곡선 바느질이 많아 세심함이 필요합니다. 칼라의 모양을 조금씩 변형해 다채로운 디자인의 상의를 만들어 보세요.

tip » 세라복 상의를 만들 수 있는 2가지 방법

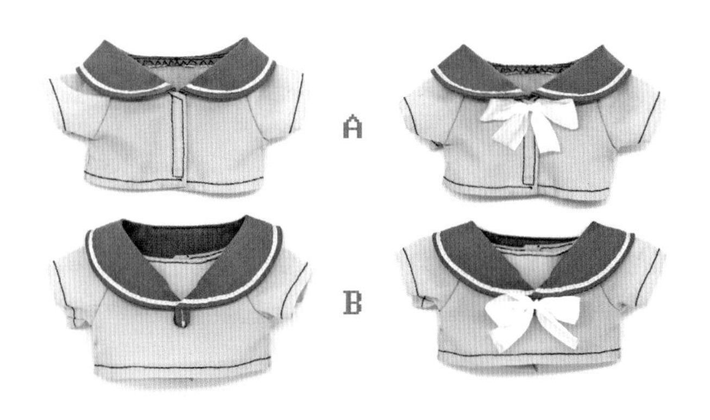

A 세라 칼라 상의

몸판과 연결된 칼라는 한 벌로 되어 있어 보관 및 입고 벗기기가 편리하다. 하지만 앞여밈 부분이 거슬릴 수 있다.

B 라운드 티 + 분리형 세라 칼라

분리형 칼라는 다른 상의와도 코디할 수 있어 유용하지만 보관의 불편함이 있으며 입힐 때마다 칼라가 중앙에 예쁘게 위치하도록 매무새를 정돈해야 한다.

READY

옷감

10수 면 트윌 기모(베이지)

S: 1/8마, L: 1/8마

부자재

폭 2mm 실크 리본(네이비)

S: 칼라 28cm / 소매 19cm,

L: 칼라 34cm / 소매 22cm

폭 6mm 양면 무광 주자 리본(네이비)

10cm

슬림 봉제형 폭 1cm 벨크로

S: 3.5cm 1쌍, L: 4.5cm 1쌍

HOW TO MAKE

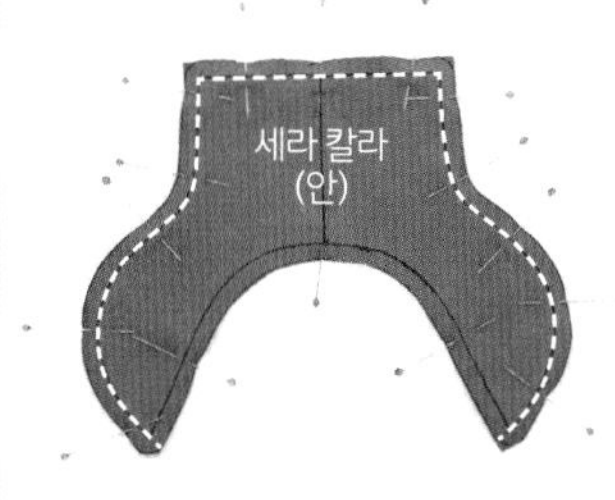

1 [세라 칼라] 2장을 겉끼리 맞댄다. [세라 몸판]과의 연결선을 제외하고 완성선대로 박음질한다.

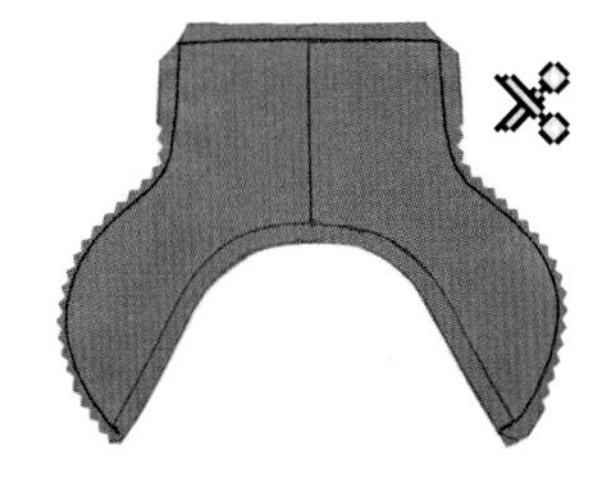

2 박음질한 부분 바깥쪽 곡선에 가위집을 내고 뒤집는다.

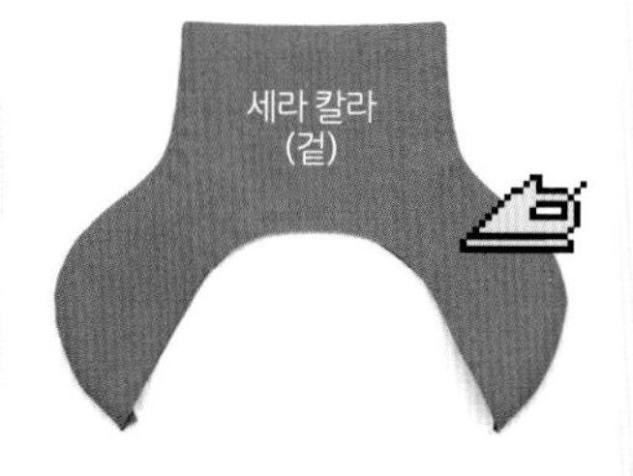

3 다림질해 모양을 예쁘게 잡는다.

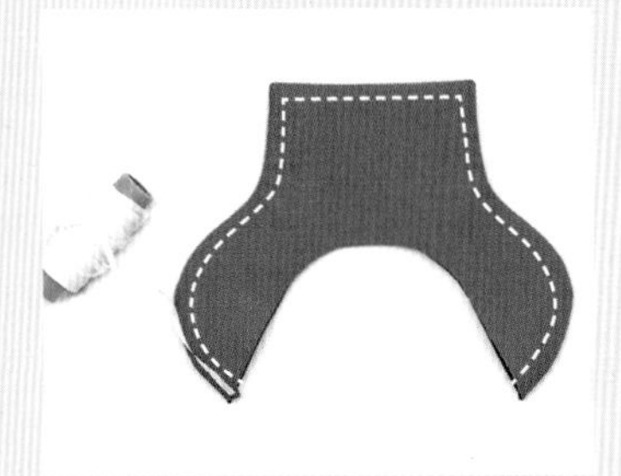

4 실크 리본을 세라 칼라 겉면의 테두리쪽에 대고 상침한다. 디자인에 따라 생략 가능하다.

5 칼라가 완성된 모습.

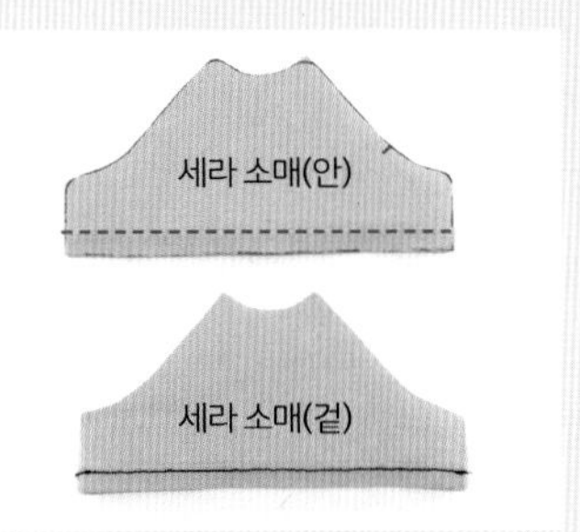

6 [세라 소매]의 밑단을 완성선대로 접어 박음질한다. 소매에 리본을 다는 경우, 실크 리본을 함께 상침한다.

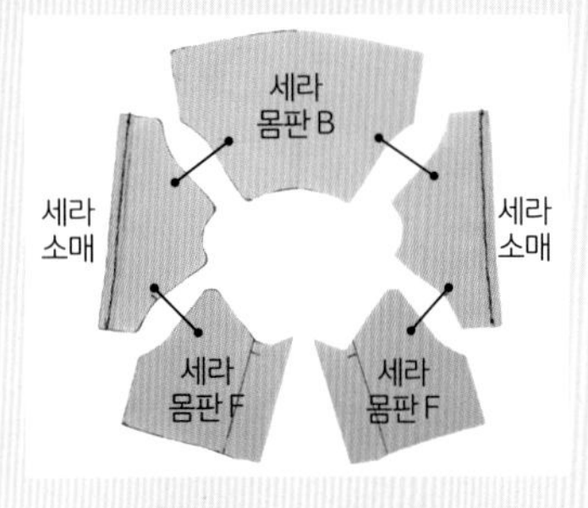

7 [세라 몸판]과 [세라 소매]를 연결한다.

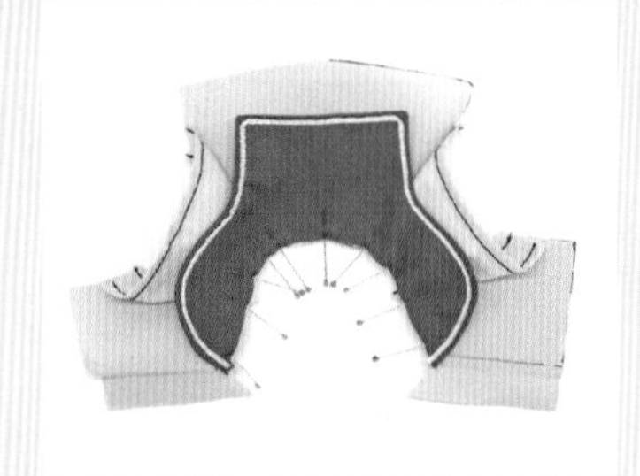

8 [세라 몸판-소매]와 [세라 칼라]의 겉면이 보이도록 완성선대로 겹쳐 시침한다.

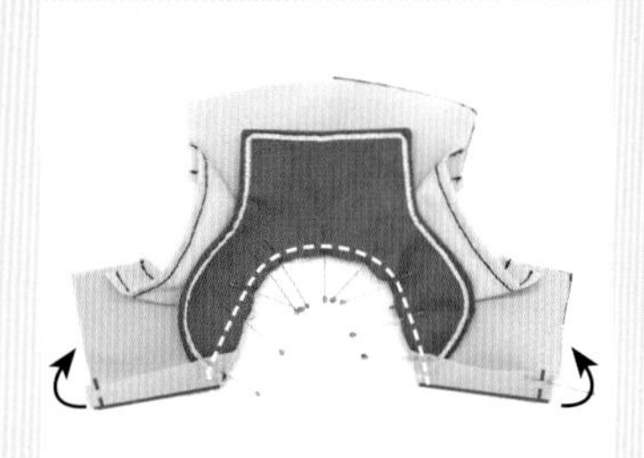

9 [세라 몸판 F]의 여밈 부분 시접을 칼라 위로 접어 시침한 후 목선과 여밈 부분 밑단의 완성선을 박음질한다.

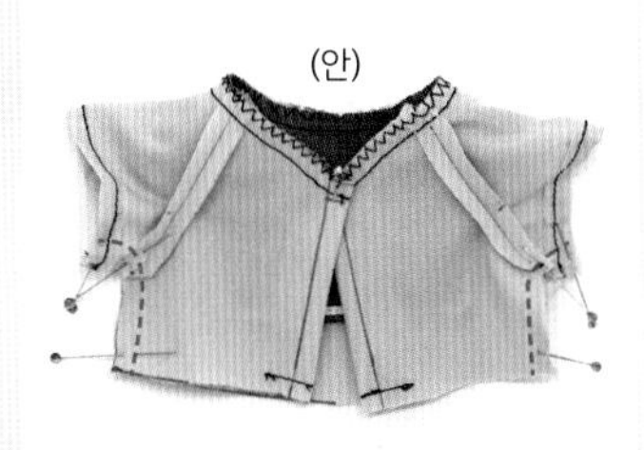

10 옆선을 박음질한다.

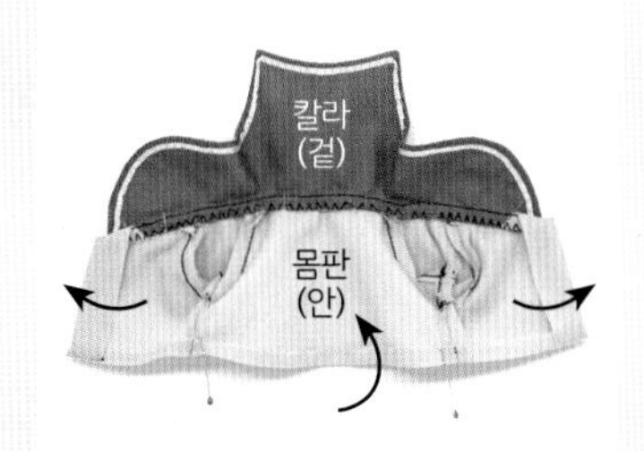

11 여밈 부분을 뒤집어 펼친다. [몸판]의 밑단을 완성선대로 접는다.

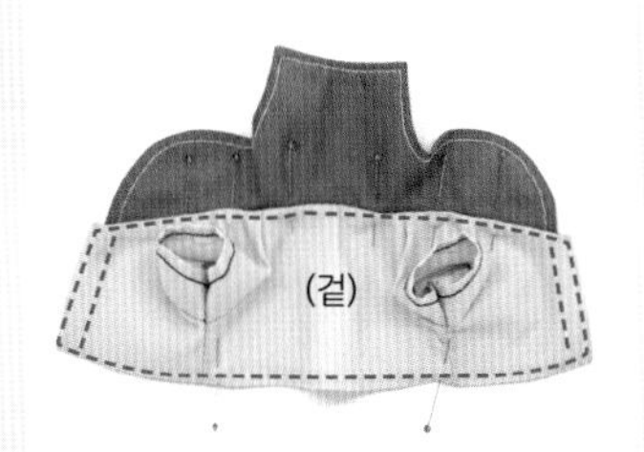

12 [세라 몸판-소매]와 [세라 칼라]의 시접을 몸판쪽으로 내려 접는다. 접은 밑단과 시접이 고정되도록 겉면에서 상침한다. 이때 여미는 부분에 벨크로를 단다.

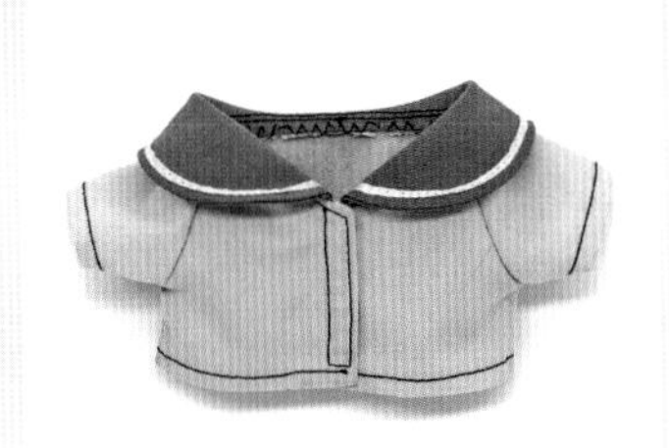

13 세라 칼라 상의 완성.

tip 리본을 달아 장식하면 더 귀엽다.

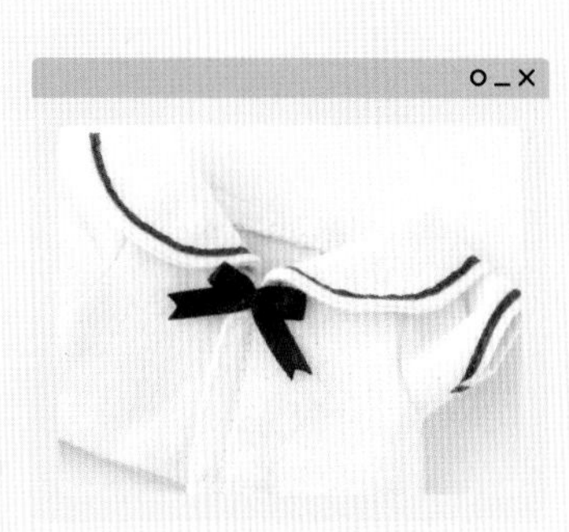

계절별 솜뭉치 코디

02

분리형 세라 칼라

'세라 칼라 상의'에서 세라 칼라를 분리한 버전입니다. 앞면이 깔끔한 세라복을 만들 수 있는 패턴이며, 다른 상의나 원피스와 코디할 수 있어 다양한 룩을 원하는 분께 추천합니다! 칼라 앞부분의 모양을 수정해 다양한 분위기를 연출해 보세요.

READY

옷감

10수 면 트윌 기모(곤색)

S: 1/16마, L: 1/16마

부자재

폭 2mm 실크 리본(화이트)

S: 33cm, L: 37cm

폭 6mm 양면 무광 주자 리본(화이트) 10cm

5mm 스냅 단추 1쌍

HOW TO MAKE

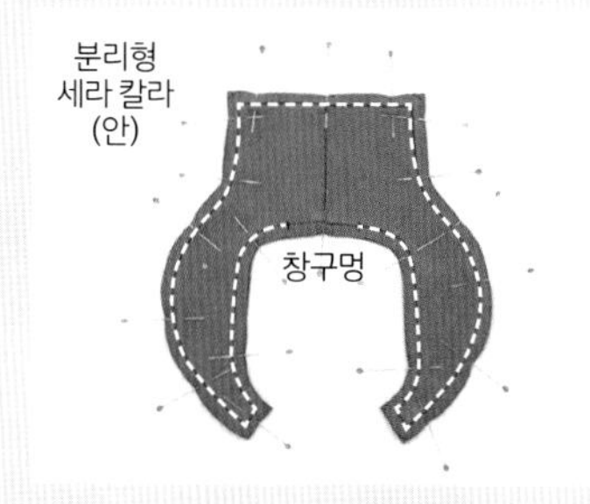

1 [분리형 세라 칼라] 2장을 겉끼리 맞댄 후 약 3cm의 창구멍을 제외하고 완성선대로 박음질한다.

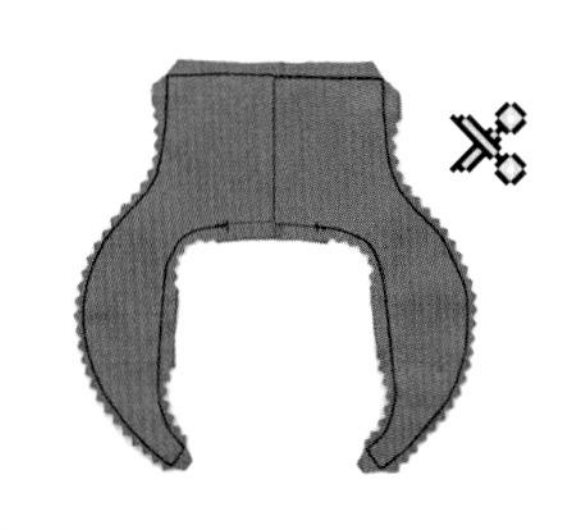

2 곡선 부분에 가위집을 낸다. 창구멍쪽 시접에는 가위집을 내지 않고 남겨둔다.

3 창구멍을 통해 칼라를 뒤집은 후 다림질해 모양을 잡는다.

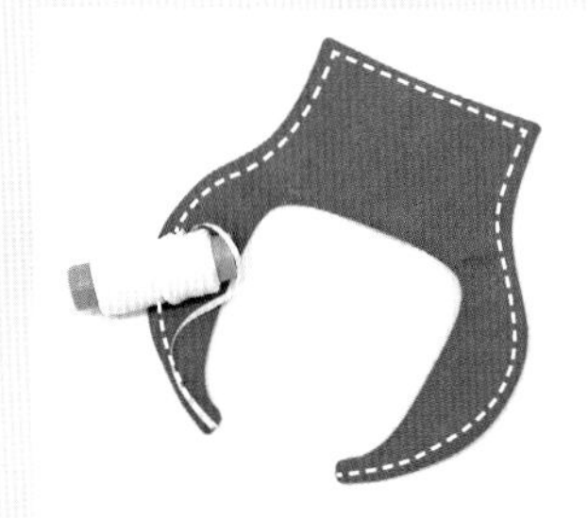

4 실크 리본을 세라 칼라 겉면의 테두리쪽에 대고 상침한다. 디자인에 따라 생략 가능하다.

5 창구멍을 공그르기하거나 가장자리와 가깝게 박음질한다. 인형의 목 뒷부분이라 머리털에 가려져 눈에 잘 띄지 않으므로 박음질로 창구멍을 막아도 괜찮다.

6 칼라의 양 끝을 사진처럼 접는다.

7 접은 모양이 고정되도록 2~3땀 정도 안면에서 바느질한다. 양쪽에 스냅 단추를 단다.(겉에서는 보이지 않도록 안쪽 원단에 꿰맨다.)

8 분리형 세라 칼라 완성.

tip 라운드 티와 칼라를 함께 착용한 모습.

9 칼라 앞부분에 리본을 달면 더 사랑스럽게 완성된다.

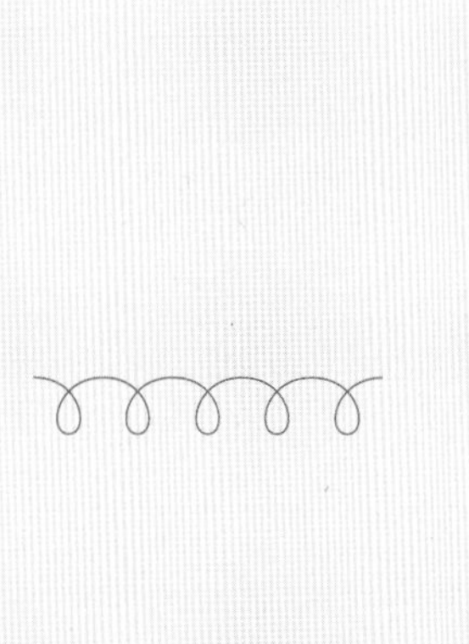

베레모

단순한 원 모양으로 바느질 과정이 간단하지만 안감이 있어 양면으로 코디할 수 있는 패션 소품입니다. 힘 있는 원단을 사용하거나 접착솜을 붙여 만들면 더 탄탄한 형태로 완성됩니다. 늘어나는 원단으로 만들거나 고무줄을 달면 머리 크기가 다른 솜인형들에게도 두루 씌울 수 있어요.

READY

옷감

겉감: 극세사(블랙)

S: 1/8마, L: 1/8마

안감: 20수 면 레이온 기모(블랙)

S: 1/8마, L: 1/8마

HOW TO MAKE

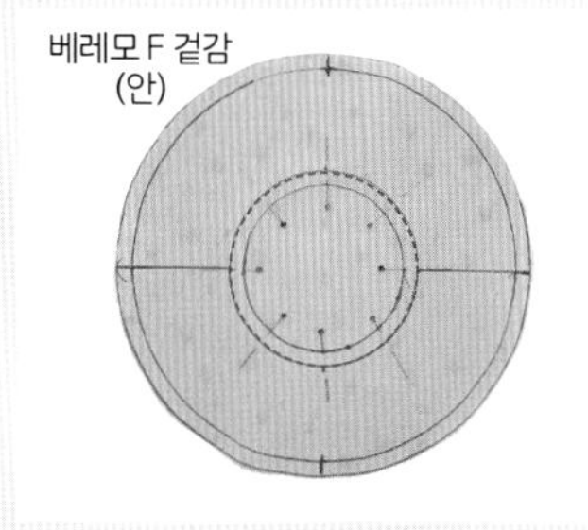

1 [베레모 F 겉감]과 [베레모 F 안감]을 겉끼리 맞대고 머리가 들어갈 구멍인 작은 원을 박음질한다.

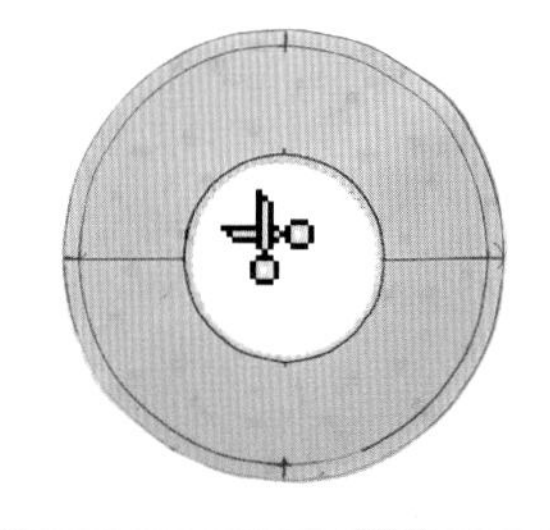

2 뒤집었을 때 원 형태가 잘 접히도록 가위집을 낸다.

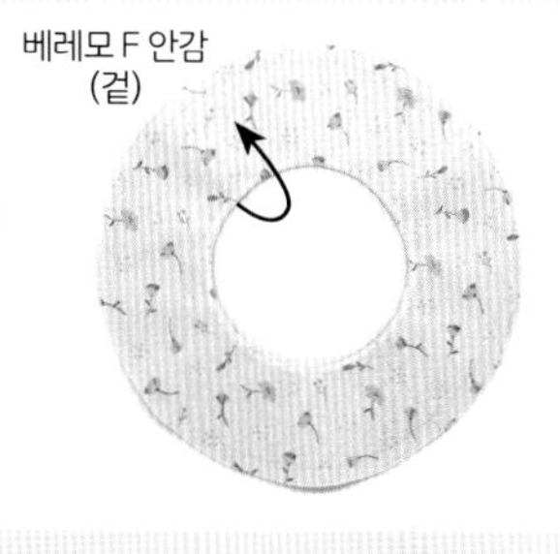

3 구멍을 통해 옷감을 뒤집어 겉감과 안감 모두 겉면이 밖으로 나오도록 한다.

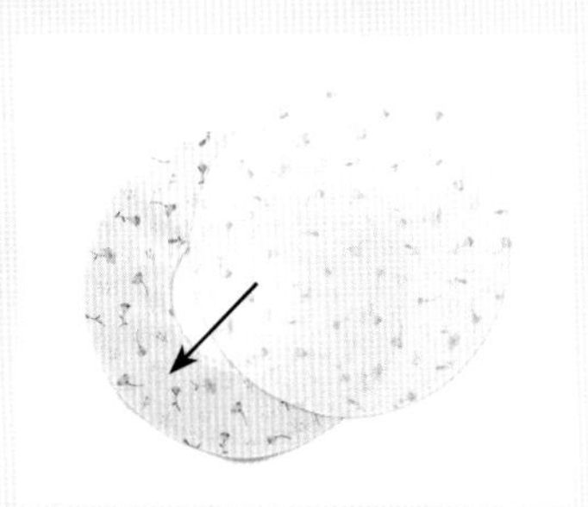

4 [베레모 F 안감]과 [베레모 B 안감]을 겉끼리 맞대어 겹친다.

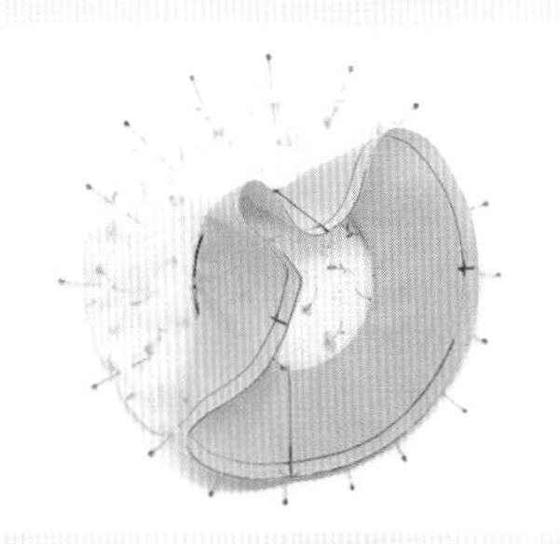

5 겹친 옷감에 시침핀을 꽂아 고정한다. 이때 [베레모 F 겉감]은 시침핀이 닿지 않게 가운데 구멍으로 접어둔다.

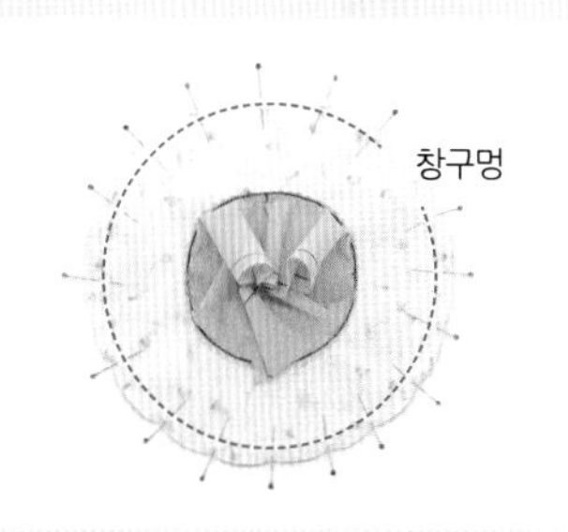

6 창구멍을 남기고 완성선대로 박음질해 [베레모 F 안감]과 [베레모 B 안감]을 연결한다. 원단이 두꺼울수록 큰 창구멍이 필요하다.

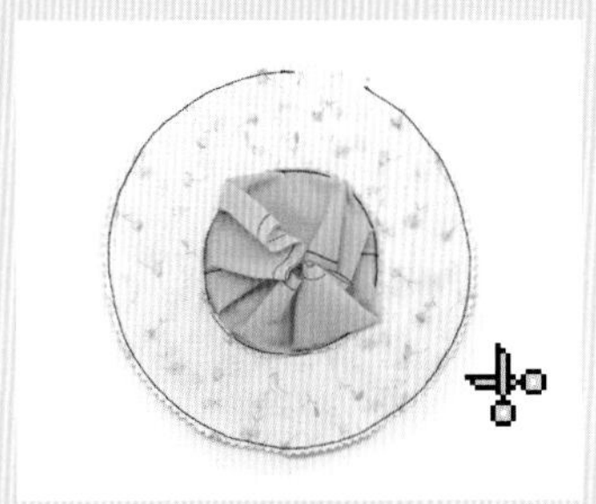

7 가위집을 낸다. 이때 창구멍쪽 시접에는 가위집을 내지 않고 남겨둔다.

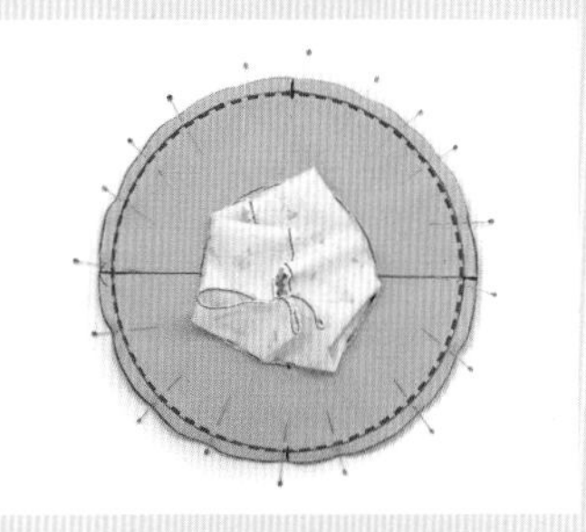

8 접어둔 [베레모 F 겉감]을 펼쳐 [베레모 B 겉감]과 겉끼리 맞대고 창구멍 없이 모두 박음질한다. 이때 [베레모 안감]은 가운데 구멍쪽으로 접어둔다.

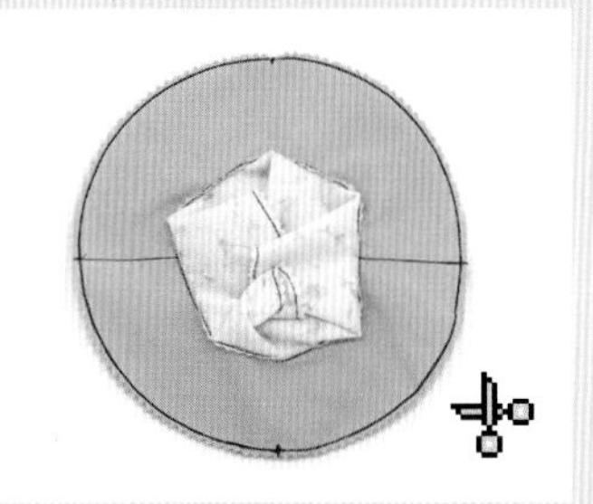

9 바깥쪽 곡선에 가위집을 낸다.

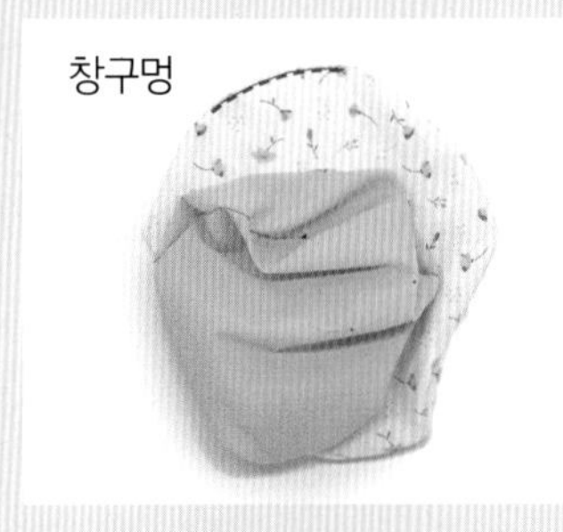

10 창구멍을 통해 베레모를 뒤집고 창구멍은 공그르기나 박음질로 막는다. 공그르기를 하면 안쪽도 깔끔해지므로 베레모를 양면으로 쓸 수 있다.

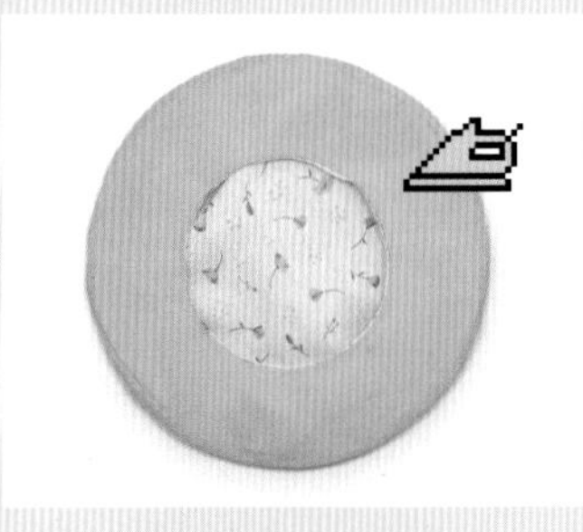

11 안감을 구멍 안으로 넣은 후, 모양을 잡고 다림질한다.

12 베레모 완성.

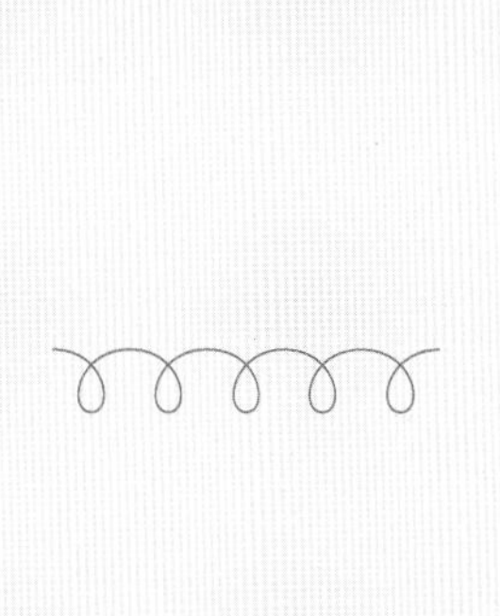

계절별 솜뭉치 코디

04

양면 털조끼 & 귀도리

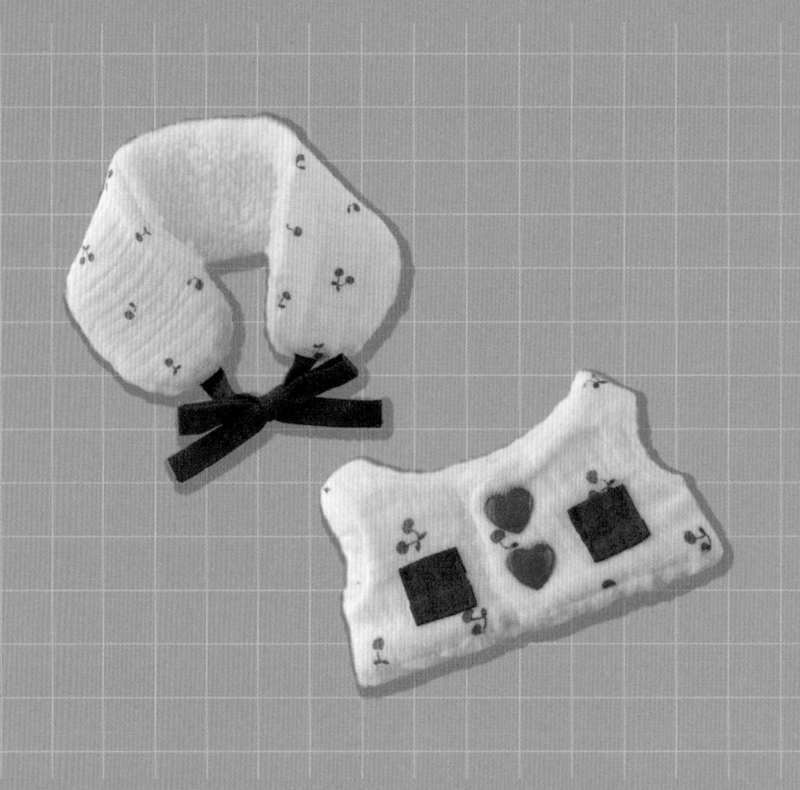

양면 털조끼

겨울에 홈웨어로 입히기 좋은 양면 털조끼입니다. 만드는 과정이 매우 간단하고 양면으로 뒤집어 입힐 수 있어 활용도도 뛰어납니다. 귀도리와 함께 입히면 솜인형의 귀여움이 극대화됩니다.

READY

옷감

겉감: 이중 거즈(크림), 면 혼방(빨강)
S: 1/32마, L: 32×9.5cm

안감: 단면 양털(백아이보리)
S: 1/32마, L: 30×9.5cm

부자재

12mm 하트 티단추(빨강) 2쌍

1 [양면 털조끼 주머니]의 위쪽을 완성선대로 접어 상침한다.

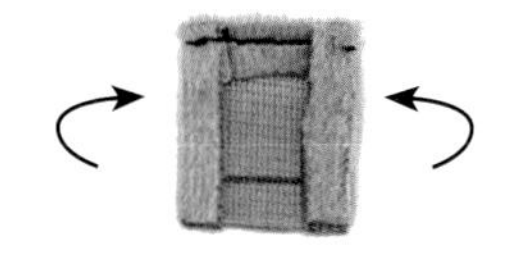

2 주머니 양쪽도 완성선대로 접어 시침하거나 원단용 풀로 임시 고정한다.

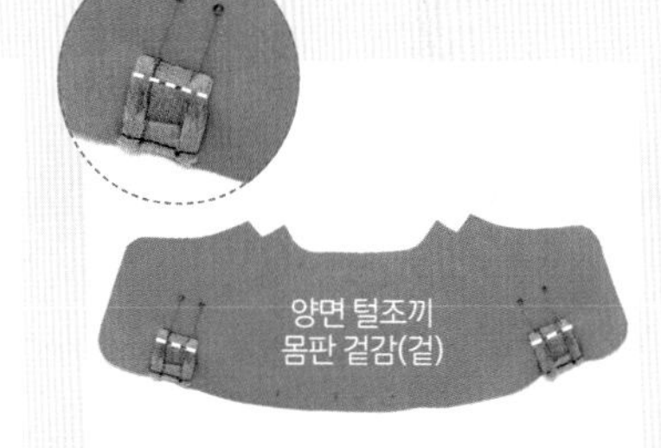

3 [양면 털조끼 몸판 겉감]의 겉이 보이게 둔다. 그 위에 [양면 털조끼 주머니]의 위쪽이 아래로 가도록 자리 잡고 주머니의 안면이 보이게 둔다. 주머니의 아래쪽 완성선을 박음질한다.

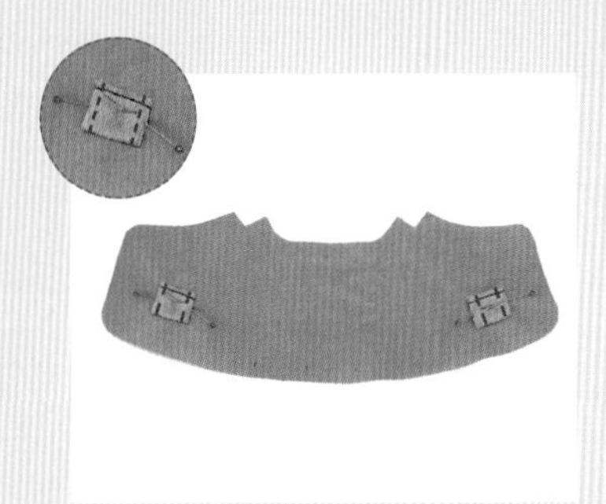

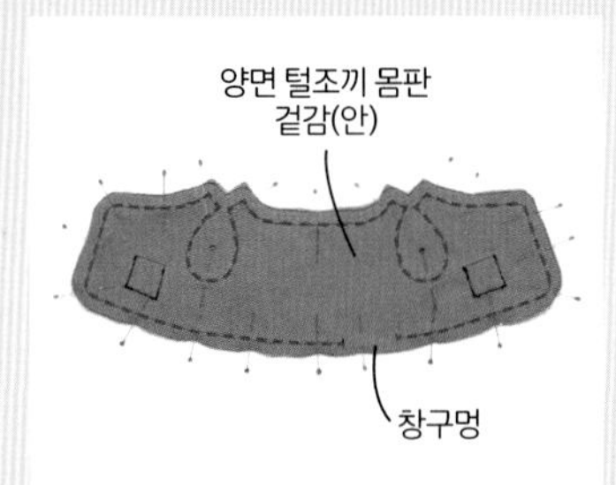

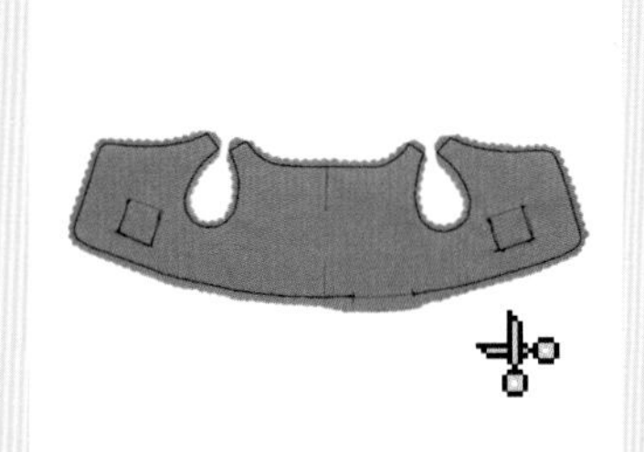

4 주머니를 위로 접어 올려 양쪽이 고정되도록 상침한다.

5 [양면 털조끼 몸판 겉감]과 [양면 털조끼 몸판 안감]을 겉끼리 맞대고 완성선대로 박음질한다. 이때 창구멍을 남긴다. 원단이 두꺼울수록 큰 창구멍이 필요하다.

6 시접에 가위집을 낸다. 창구멍 쪽 시접에는 가위집을 내지 않고 남겨둔다.

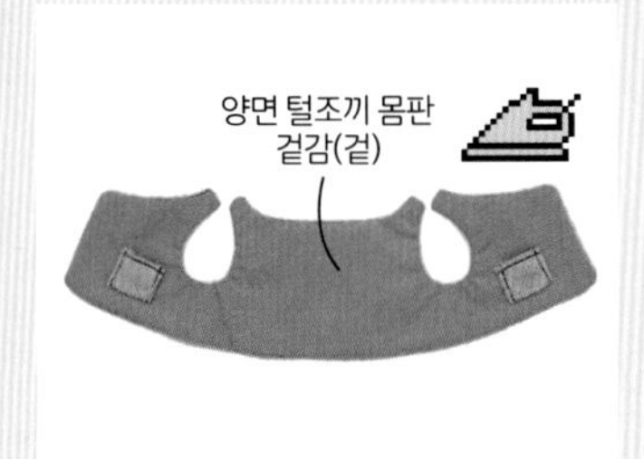

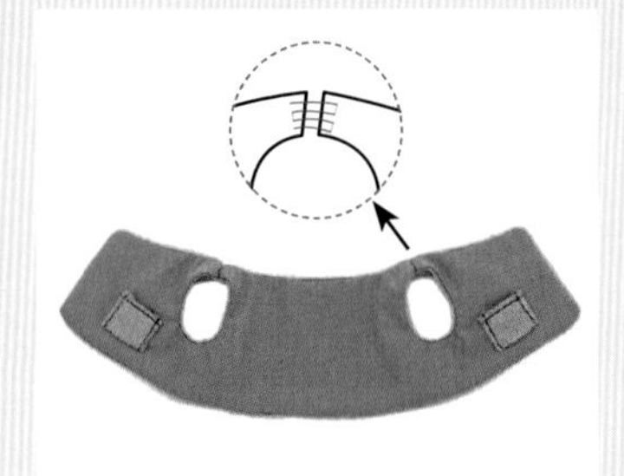

7 창구멍을 통해 옷감을 뒤집고 모양을 잡은 후 다림질한다. 털 원단은 고온에 상할 수 있으니 해당 부분은 다림질을 하지 않는다.

8 어깨선을 공그르기로 연결한다.

9 스냅 단추, 가시도트, T단추(썬그립) 등을 달아준다. 양면 털조끼 완성.

귀도리

추운 날씨에 솜인형의 귀와 볼을 따뜻하게 감싸주는 귀도리입니다. '양면 털조끼'와 마찬가지로 양면으로 사용할 수 있어 활용도 높은 패션템입니다. 너비를 조정하고 레이스로 장식해 헤드 드레스로 만들 수도 있습니다.

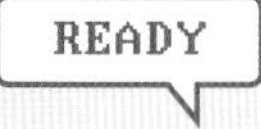

옷감

걸감: 이중 거즈(크림)
S: 25×6cm, L: 31×6cm

안감: 단면 양털(백아이보리)
S: 25×6cm, L: 31×6cm

끈: 면 혼방(빨강)
S: 28×4cm, L: 36×6cm

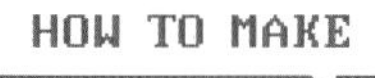

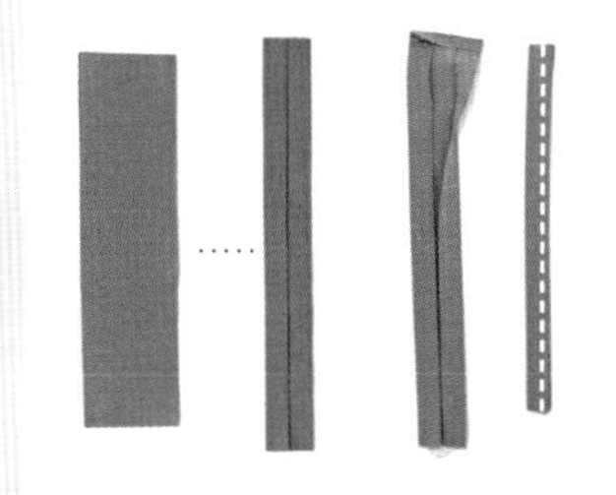

1 끈을 2개 만든다.(50p 참고) 다른 원단을 사용하는 경우 리본을 묶어보고 길이를 조정한다.

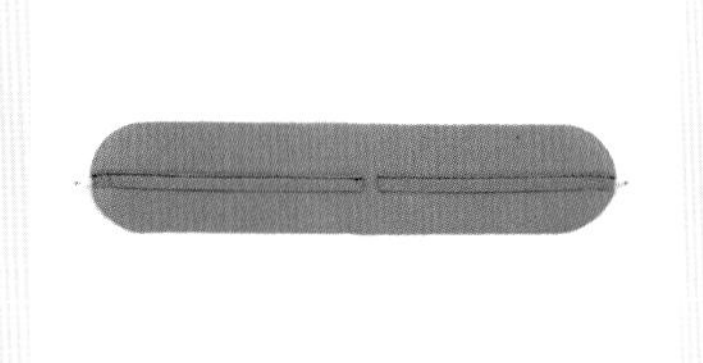

2 [귀도리 겉감]의 겉면에 끈을 두고 시침핀으로 고정한다. 이때 시침핀의 머리가 귀도리 바깥쪽을 향하도록 꽂는다.

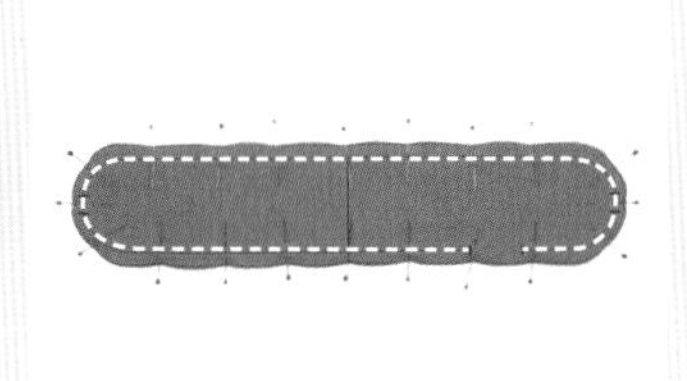

3 [귀도리 겉감]과 [귀도리 안감]을 겉끼리 맞대어 창구멍 3cm를 제외하고 완성선을 따라 박음질한다.

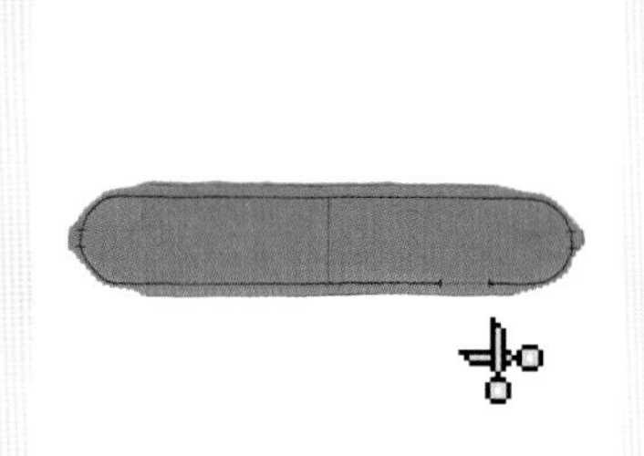

4 시접에 가위집을 낸다. 창구멍 쪽 시접에는 가위집을 내지 않고 남겨둔다. 창구멍으로 통해 옷감을 뒤집는다.

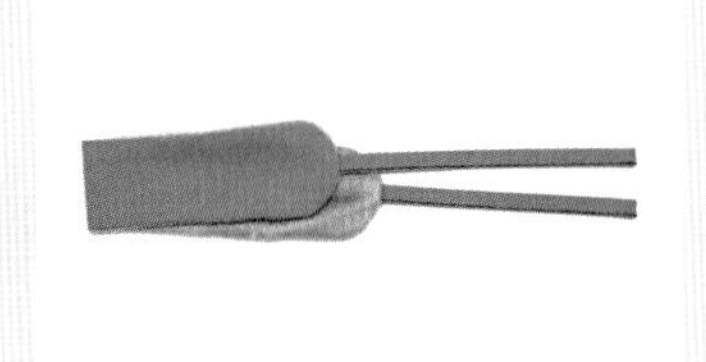

5 모양을 예쁘게 잡고 창구멍을 공그르기해 막는다.

6 귀도리 완성.

넥폴라티

추위를 많이 타는 솜인형에게 안성맞춤인 포근한 상의입니다. 칼라를 접어서 연출하고 싶다면 얇고 신축성이 좋은 원단을 선택하는 것이 좋습니다. 아우터와 매치해 분위기 있는 겨울 코디를 완성하세요.

READY

옷감

아크릴 혼방 니트 - 그레이

S: 1/16마, L: 1/8마

HOW TO MAKE

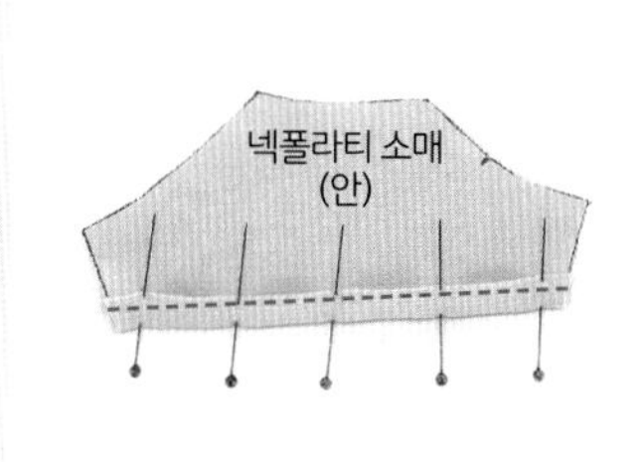

1 [넥폴라티 소매]의 밑단을 완성선대로 접어 상침한다.

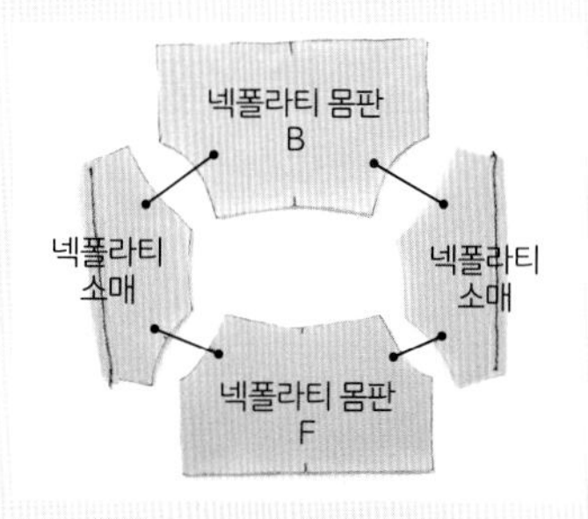

2 [넥폴라티 몸판]과 [넥폴라티 소매]를 연결한다.

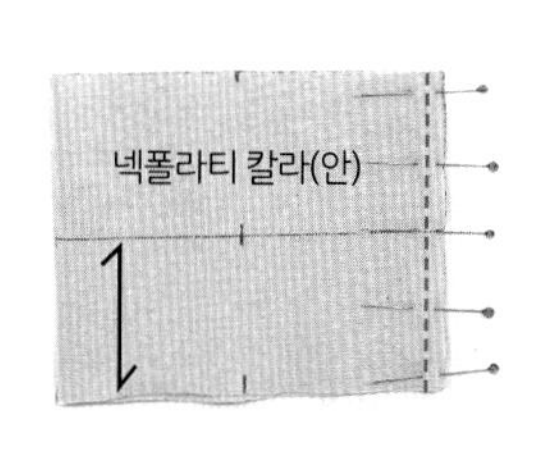

3 [넥폴라티 칼라]를 겉끼리 맞닿도록 접은 후 끝을 박음질해 원통 모양으로 만든다. 시접은 가름솔한다.

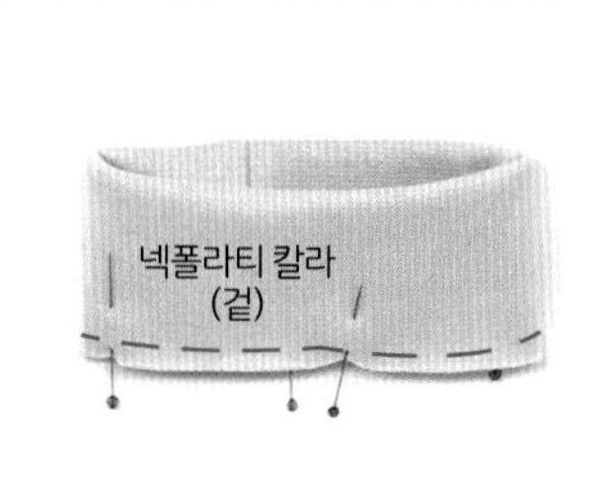

4 겉면이 보이도록 뒤집고 가로로 반 접는다. 접힌 2장이 움직이지 않도록 칼라의 밑단 시접에 시침질한다.

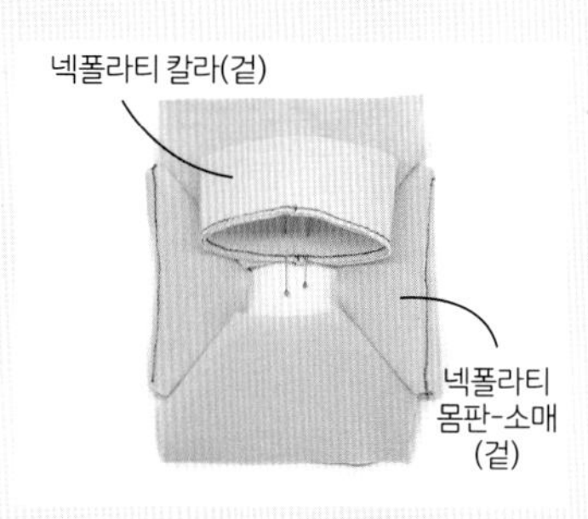

5 [넥폴라티 몸판-소매]에 [넥폴라티 칼라]를 연결할 차례. 칼라의 이음선을 몸판 뒷중심선에 맞추고 시침핀으로 고정한다.

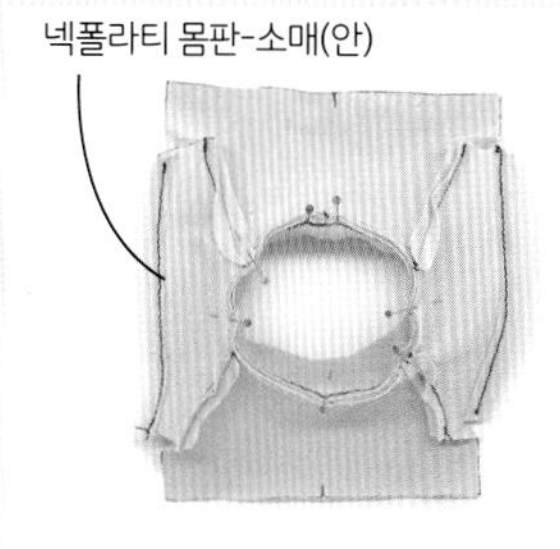

6 너치에 맞춰 둘레를 시침핀으로 고정하고 박음질한다.

7 옆선을 박음질한다.

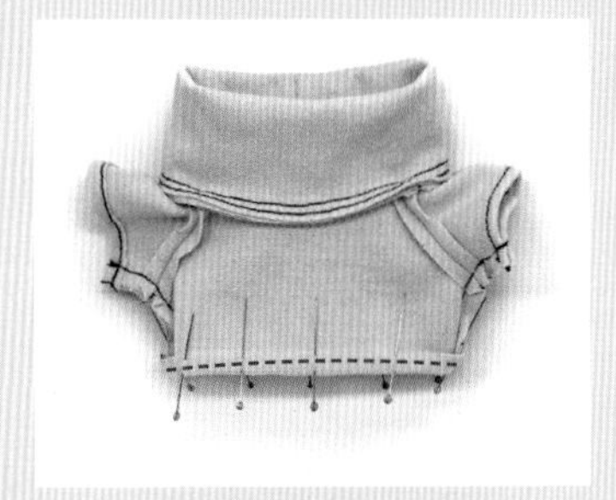

8 몸판의 밑단을 완성선대로 올려서 접고 상침한다.

9 넥폴라티 완성.

tip 칼라를 접어서 연출하면 더 귀엽다.

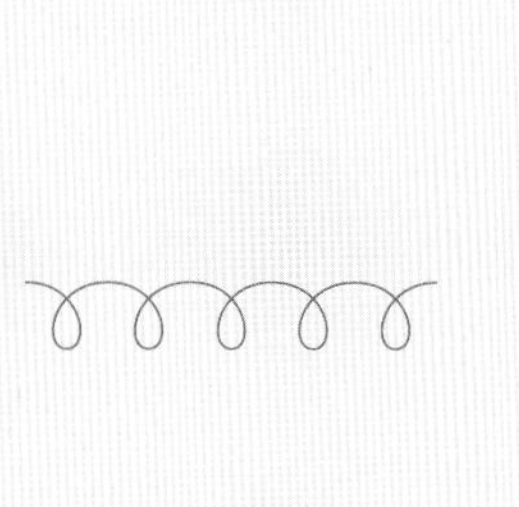

코트

곳곳의 디테일이 돋보이는 아우터입니다. 사람 옷용 겨울 원단을 선택하기보다는 면 기모, 단면 털원단을 선택해야 예쁜 핏으로 완성됩니다. 소매까지 안감이 들어가 깔끔하게 마무리됩니다. 겉감과 안감을 연결하는 과정이 어렵게 느껴질 수 있으니 다른 옷을 만든 후 도전하세요!

READY

옷감

극세사(백아이보리)

S: 1/32마, L: 1/32마

겉감: 20수 면 레이온 기모(허니머스터드)

S: 1/16마, L: 1/8마

안감: 폴리 다후다 안감(모카그레이)

S: 1/16마, L: 1/8마

부자재

4mm 미니 단추(브라운) 2개

인형용 미니 코트 단추(브라운) 3개

마스크 고무줄(화이트) 24cm

HOW TO MAKE

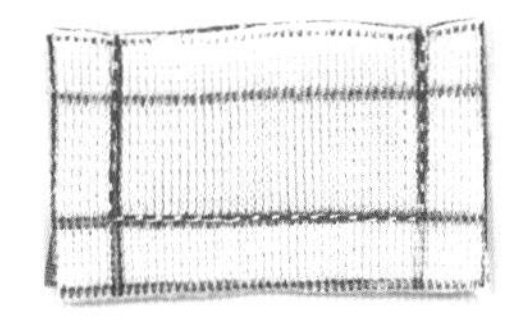

1 [코트 주머니 겉감]과 [코트 주머니 안감]을 겉끼리 맞대어 윗쪽을 제외하고 완성선대로 박음질한다.

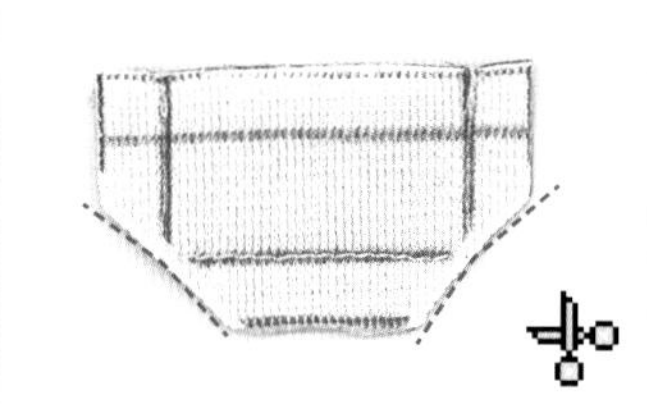

2 모양이 잘 잡히도록 아래쪽 모서리에 가위집을 낸다.

3 겉감이 보이도록 뒤집은 후 모양을 잡는다.

4 [코트 몸판 F 겉감]의 겉면에 주머니 달 곳을 살짝 표시한 후 [코트 주머니]와 겉끼리 맞대어 시침하고 박음질한다.

5 [코트 주머니]의 겉면이 보이도록 내려서 접고 상침한다.

6 한쪽이 마감된 끈을 만들고(50p 참고) 테두리를 상침한다.

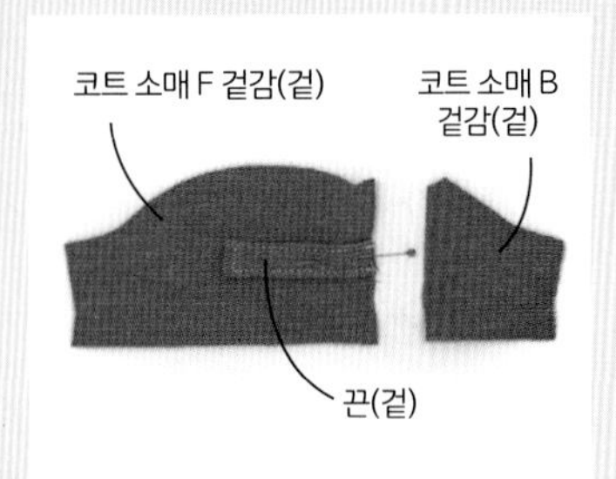

7 [코트 소매 F 겉감]의 겉면에 끈의 겉면이 보이도록 올리고 시침한다.

8 [코트 소매 F 겉감]과 [코트 소매 B 겉감]을 겉끼리 맞댄 후 연결선을 박음질한다.

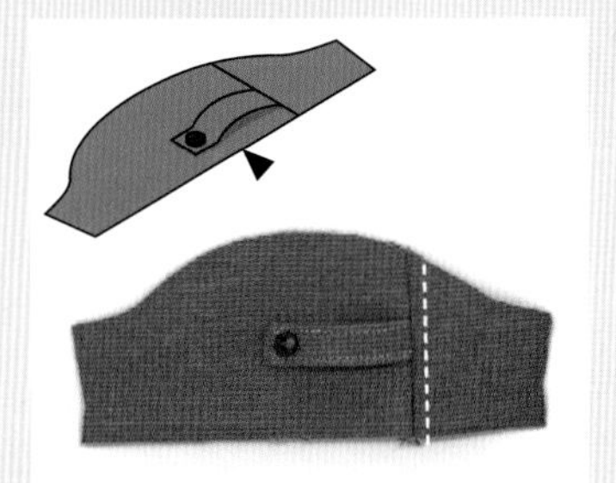

9 연결선 옆을 상침하고 끈 끝에 단추를 달아 고정한다. 이때, 소매가 둥글게 말릴 것을 고려해 끈이 볼록하게 휘도록 만들어 단추로 고정한다.

10 소매산 구간의 시접에 홈질을 해 오그린다.

11 [코트 뒷날개 겉감]과 [코트 뒷날개 안감]을 겉끼리 맞대고 밑단을 완성선대로 박음질한다.

12 밑단 시접에 모양이 잘 잡히도록 가위집을 낸다.

13 옷감을 뒤집은 후 겉에서 상침한다.

14 [코트 몸판 B 겉감] 2장을 겉끼리 맞대고 완성선을 박음질한다.

15 시접을 가름솔한 후 상침한다.

16 [코트 몸판 B 겉감] 위에 [코트 뒷날개]를 겹친다. 이때 두 옷감 모두 겉면이 보이도록 두고 시침질해 임시로 고정한다.

17 [코트 몸판 F 겉감]을 [코트 뒷날개]([코트 몸판 B 겉감]과 겹쳐진 상태)와 겉끼리 맞대어 겹치고 어깨선을 박음질한다.

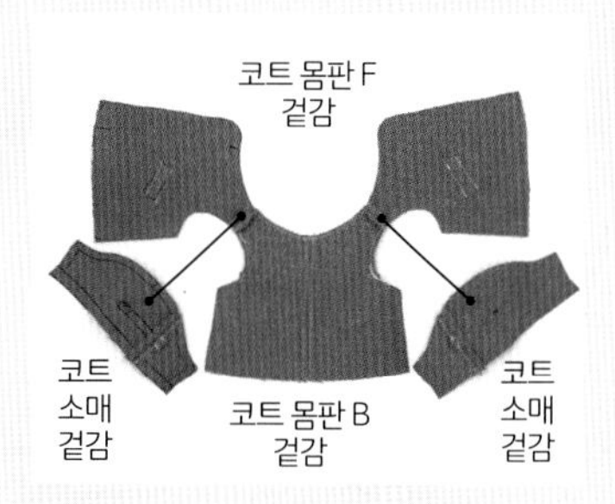

18 [코트 몸판 겉감]과 [코트 소매 겉감]을 연결한다.

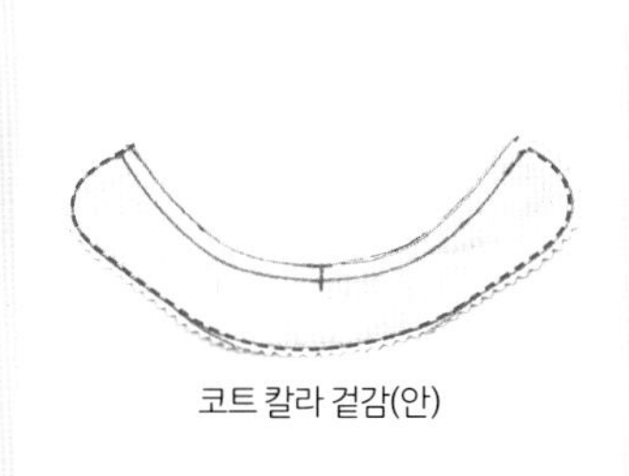

19 [코트 칼라 겉감]과 [코트 칼라 안감]을 겉끼리 맞대고 목 연결선을 제외한 구간을 박음질한다. 곡선 구간에 가위집을 낸다.

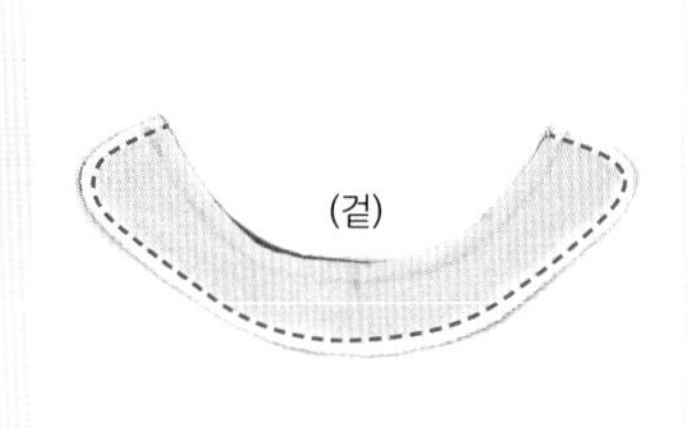

20 옷감을 뒤집은 후 테두리를 상침한다.

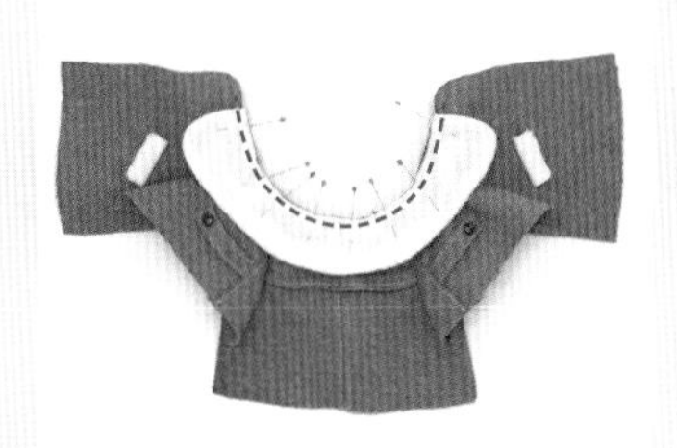

21 [코트 몸판-소매] 위에 [코트 칼라]를 겹친다. 이때 두 옷감 모두 겉면이 보이도록 둔다. 연결선에 시침핀을 꽂아 임시로 고정한다.

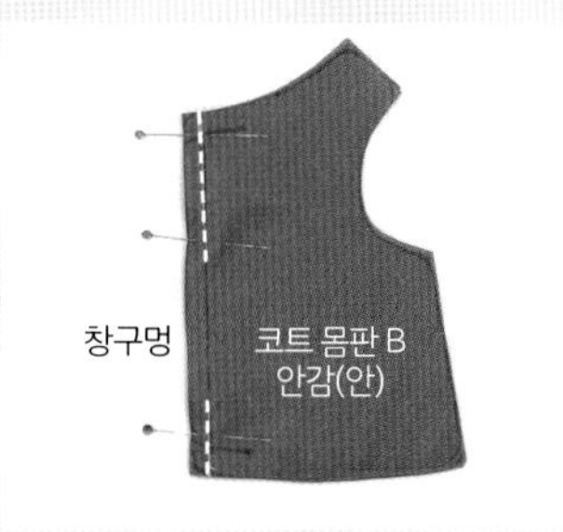

22 [코트 몸판 B 안감] 2장을 겉끼리 맞대어 겹친다. 중앙에 창구멍을 약 5cm 정도로 넉넉하게 남겨두고 완성선을 박음질한다.

23 시접은 가름솔하지 않고 한쪽 방향으로 넘겨 접는다.

24 [코트 몸판 B 안감]과 [코트 몸판 F 안감]을 겉끼리 맞댄 후 어깨선을 연결한다.

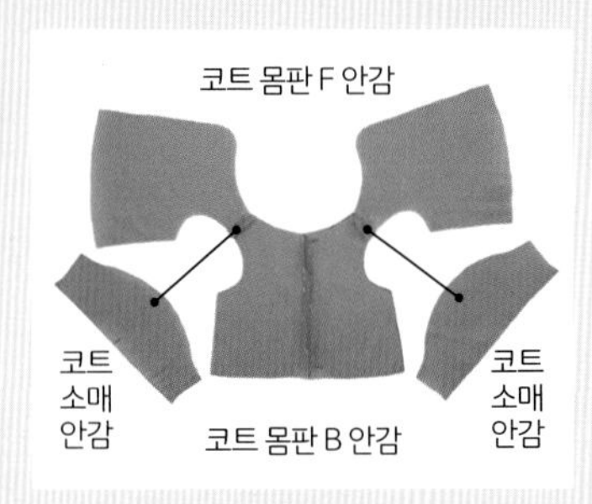

25 [코트 몸판 안감]과 [코트 소매 안감]을 연결한다. 이때 [코트 소매 안감]의 소매산을 홈질로 오그리면 박음질하기가 더 수월하다.

26 [코트 겉감]과 [코트 안감]을 겉끼리 맞대어 겹친다. [코트 칼라]가 고정되어 있는 목선 부분만 박음질한다.

27 [코트 소매 겉감]과 [코트 소매 안감]을 겉끼리 맞대어 겹치고 밑단을 박음질해 연결한다.

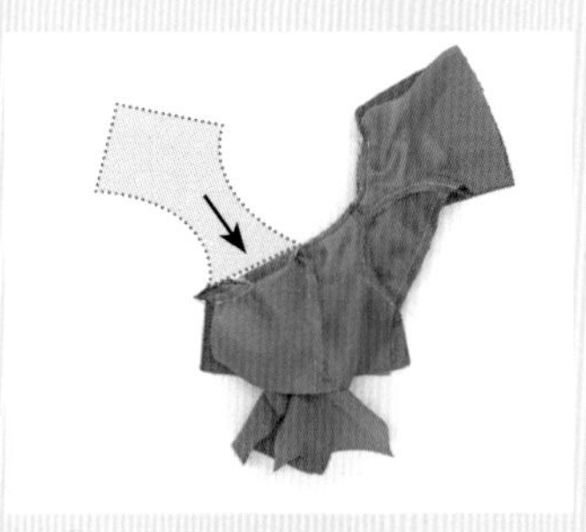

28 소매 겉감과 안감이 연결되면서 만들어진 통로로 앞몸판을 집어넣는다. 안감이 손상되지 않도록 겸자를 이용해 살살 당긴다.

29 옷감의 겉면이 보이도록 모양을 정돈한다.

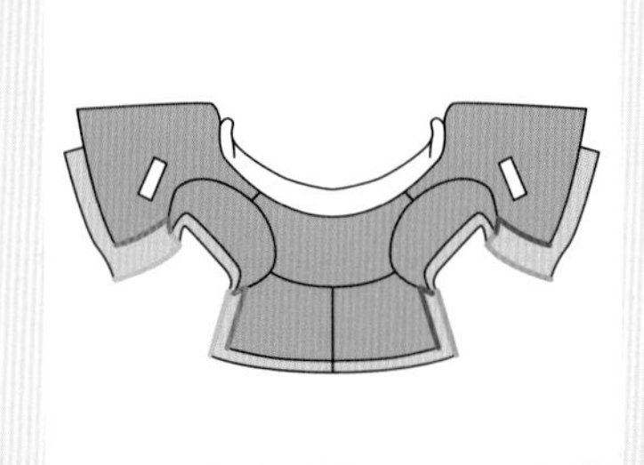

tip 같은 색으로 표시한 선들을 박음질해 연결한다.

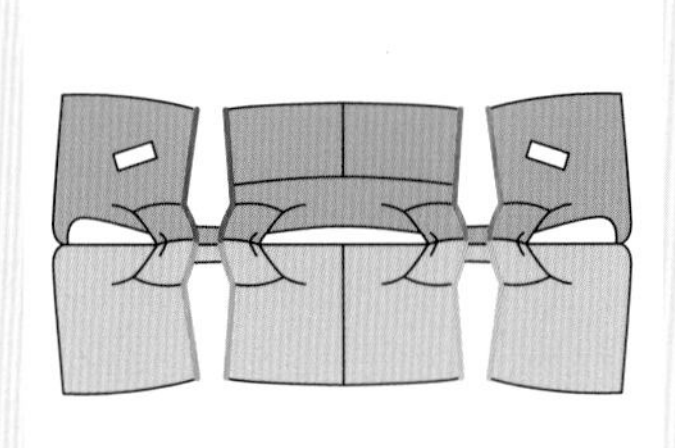

tip 겉끼리 맞대어 겹치고 시침한다.

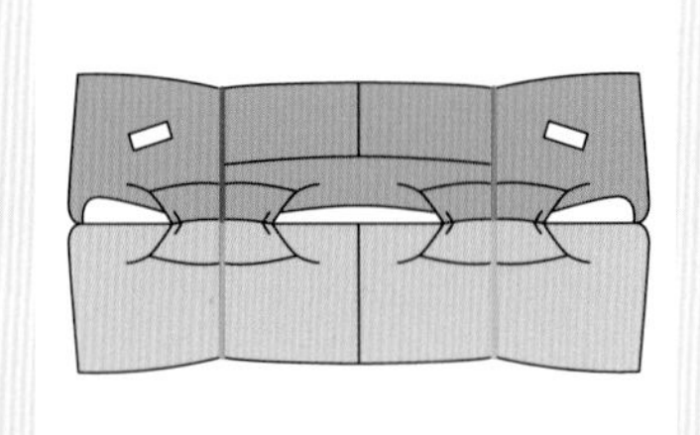

tip 옆선이 박음질된 모습.

30 겉감은 겉감끼리, 안감은 안감끼리 맞대어 시침하고 옆선을 연결한다. 시접은 가름솔한다.

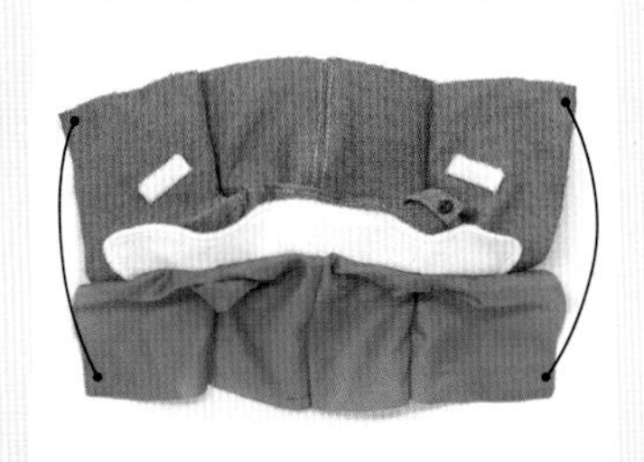

31 현재까지 겉면의 상태. 안감과 겉감의 밑단이 겉끼리 맞닿도록 겹친다.

32 이미 박음질된 목선을 제외한 모든 테두리를 박음질해 연결한다. 소매와 칼라의 부피 때문에 옷감이 쭈글거리기 때문에 중간중간 옷감을 평평하게 눌러 펼치면서 진행한다.

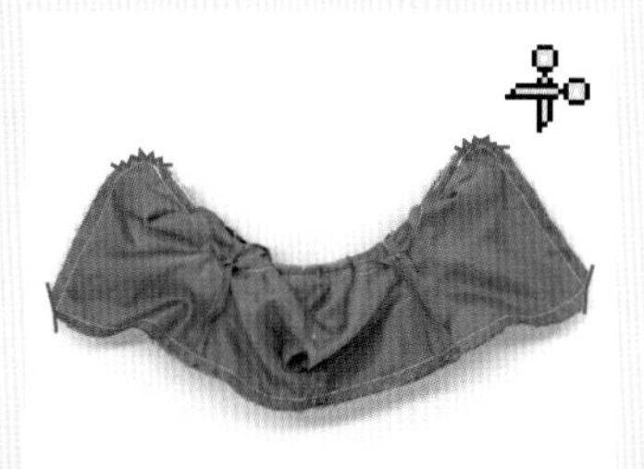

33 모서리 부분에 가위집을 낸다.

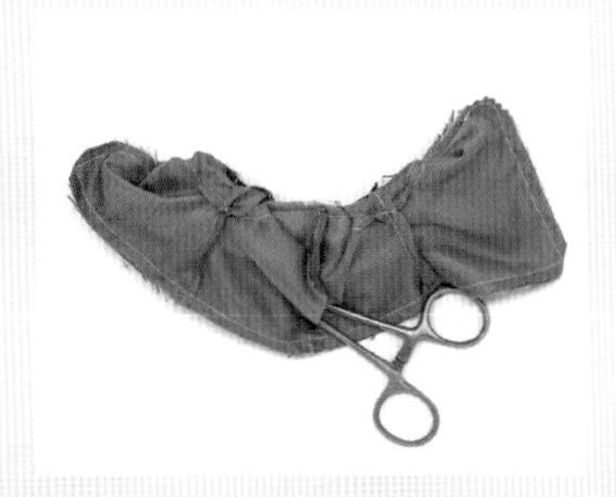

34 [코트 몸판 B 안감] 중앙의 창구멍을 통해 옷감을 뒤집는다.

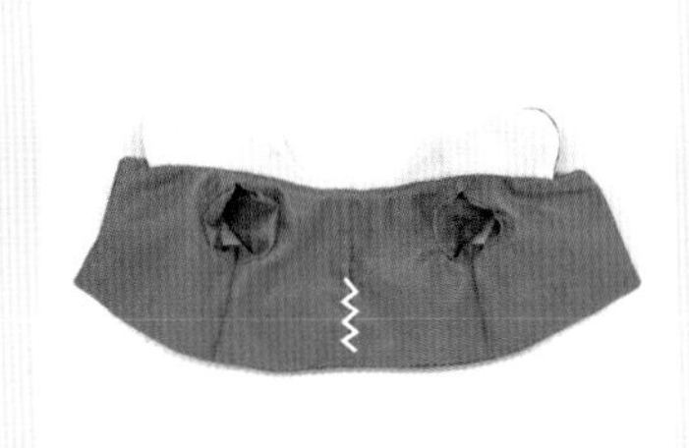

35 창구멍은 공그르기로 막는다.

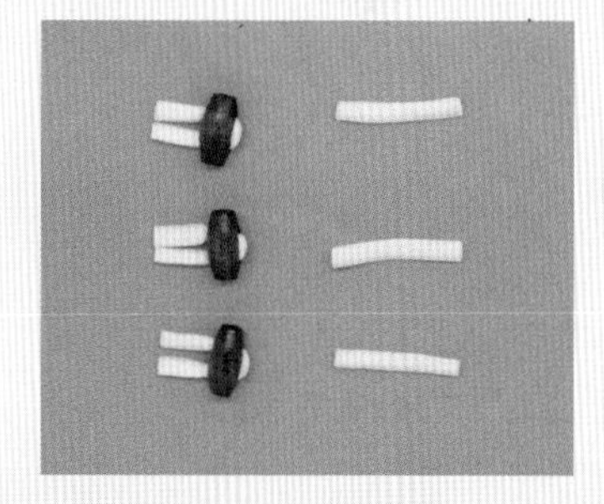

36 인형용 코트 단추에 마스크 고무줄을 끼운다.

37 코트 앞에 달아준다. 스냅 단추나 벨크로로 대체 가능하다.

38 코트 뒷면의 모습.

39 코트 완성.

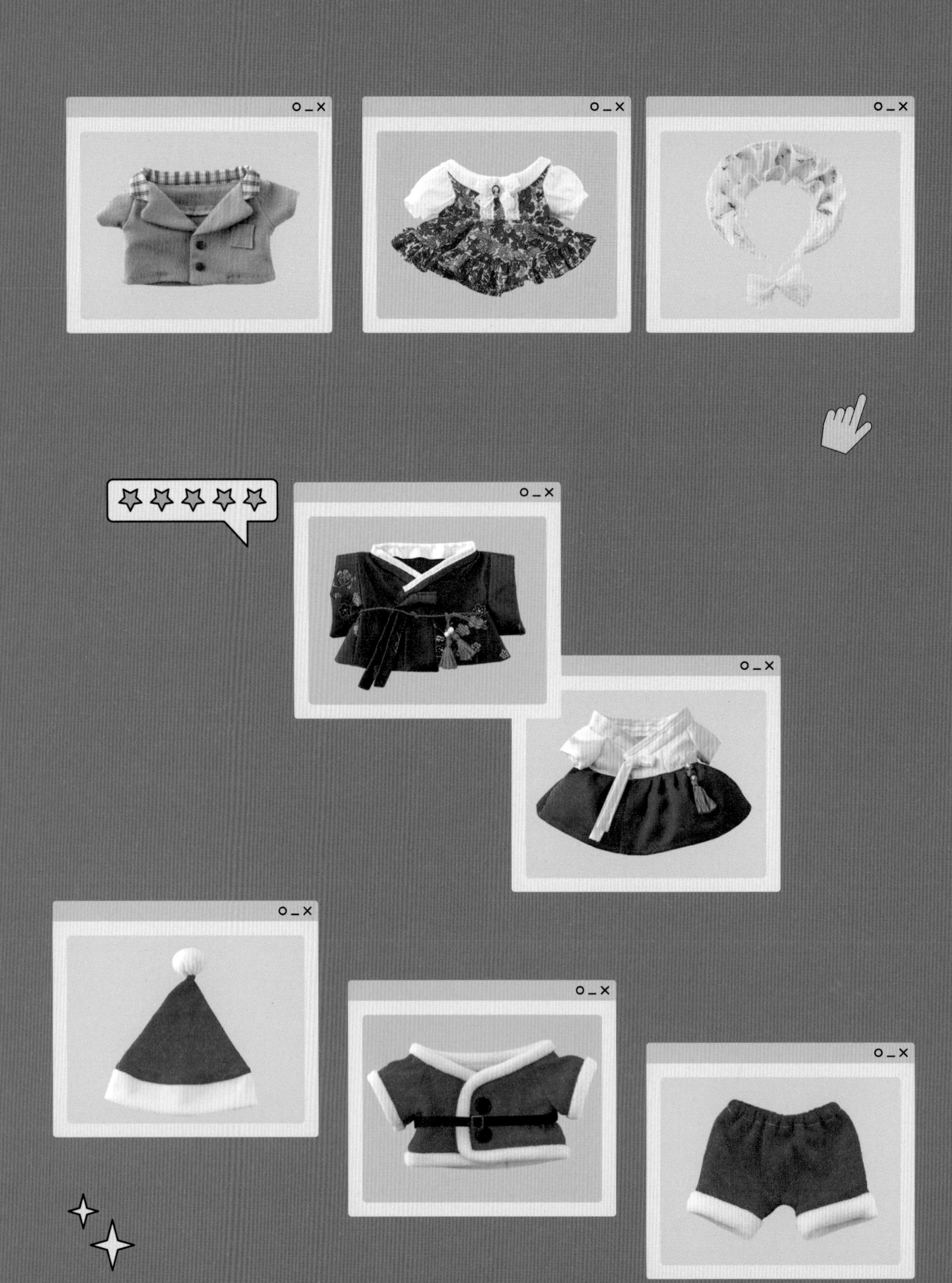

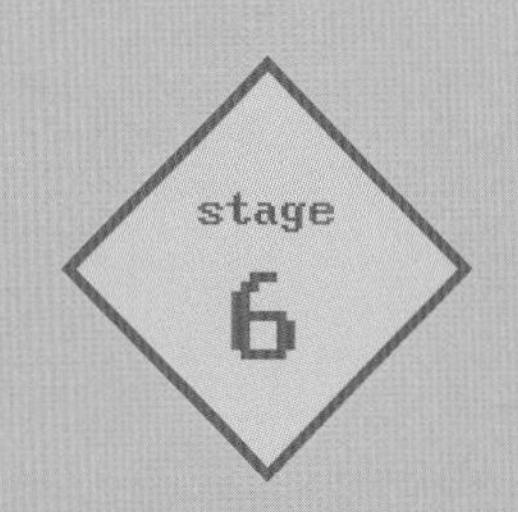

특별한 날을 위한 솜뭉치 룩

특별한 날을 위한 솜뭉치 룩

01

정장 재킷

스쿨룩이나 아이돌 무대 의상 같이 특별한 코디에 꼭 필요한 재킷입니다. 겉감과 안감이 어떻게 보이는지 완성 사진을 확인하고 원단을 선택해주세요. 여성용 재킷은 몸판 기장을 1cm 정도 줄이고 주머니의 위치를 살짝 올리면 더 귀엽게 완성됩니다.

READY

옷감

면 30수 선염 체크(민트)
S: 1/32마, L: 1/32마
10수 면 트윌 기모(민트)
S: 1/16마, L: 1/8마

부자재

폭 10mm 실크 리본(민트)
S: 27cm, L: 33cm
미니 단추(브라운) 2개
S: 4mm 크기, L: 5~6mm 크기
5mm 스냅 단추 2쌍

HOW TO MAKE

1 [정장 재킷 주머니] 겉감과 안감을 겉끼리 맞대어 윗부분을 제외하고 완성선대로 박음질한다. 안감을 덧대지 않을 경우, [양면 털조끼]의 1~2처럼 진행한다.

2 곡선 부분에 가위집을 낸다.

3 주머니 입구를 통해 주머니를 뒤집는다. 윗부분을 완성선대로 안감쪽으로 접어 박음질하거나 본드로 붙인다.

4 [정장 재킷 몸판 F] 겉면에 주머니를 상침해 고정한다.

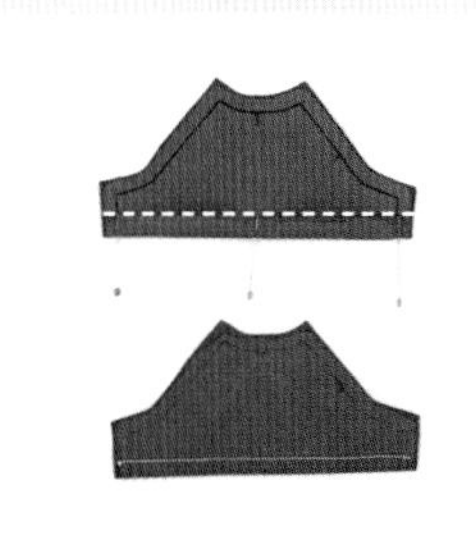

5 [정장 재킷 소매]의 밑단을 완성선대로 안면으로 접고 상침한다.

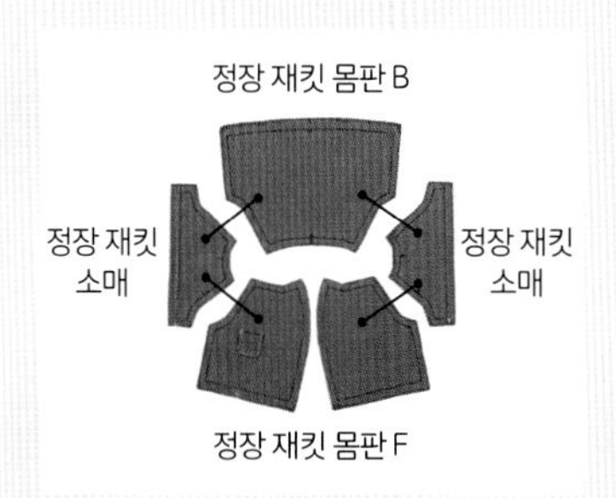

6 [정장 재킷 몸판]과 [정장 재킷 소매]를 연결한다.

7 [정장 재킷 칼라] 겉감과 안감을 겉끼리 맞대고 몸판 연결선을 제외한 완성선을 박음질한다.

8 곡선 부분에 가위집을 낸다.

9 몸판 연결선쪽으로 뒤집은 후 다림질해 모양을 잡는다.

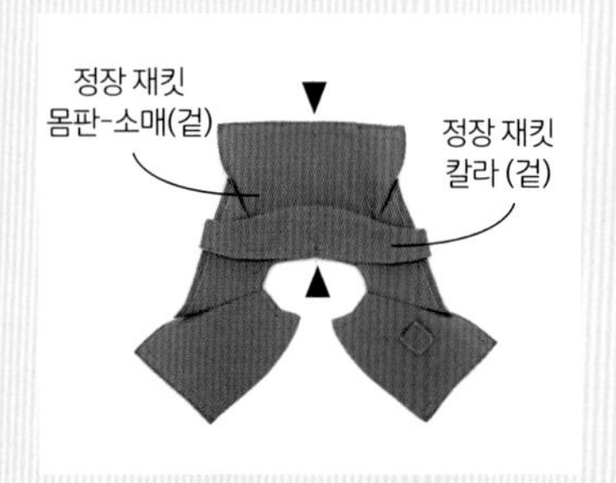

10 [정장 재킷 몸판-소매]의 뒷중심선과 [정장 재킷 칼라]의 중심선을 맞추고 시침핀을 꽂는다.

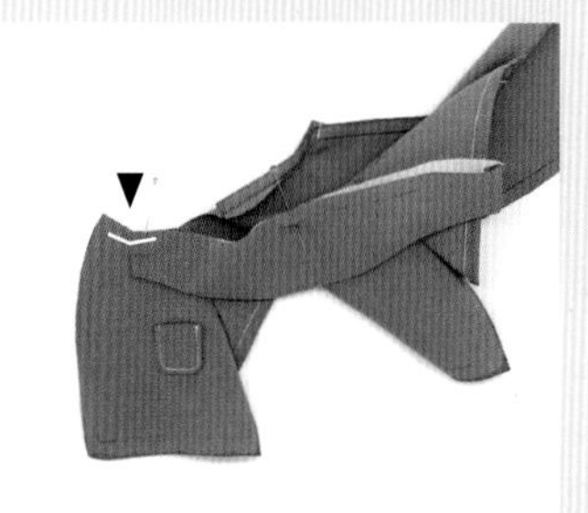

11 칼라의 양 끝 연결점을 맞춰 시침핀을 꽂는다.

12 나머지 연결 구간에도 시침핀을 꽂아 고정한다.

13 [정장 재킷 칼라] 완성선이 아닌 시접 분량에 큰 땀으로 시침질한다.(생략 가능)

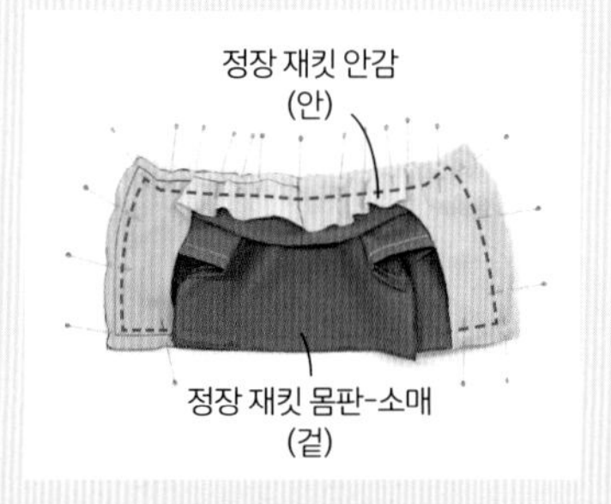

14 [정장 재킷 안감]을 그 위에 덮어 완성선을 맞춰 시침한 후 박음질한다. 이때 몸판 밑단은 완성선이 아닌 시접 분량(2~3mm 내려온 지점)에 박음질한다.

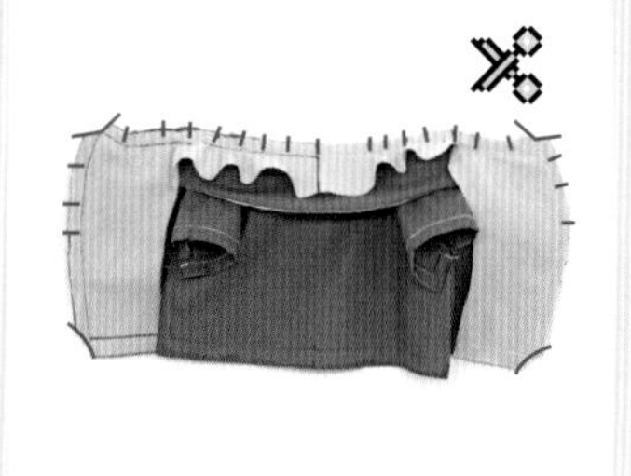

15 모양이 잘 펴지도록 가위집을 내고 뒤집는다.

16 [정장 재킷 칼라]의 시접이 고정되도록 [정장 재킷 몸판-소매] 쪽에 상침한다. [정장 재킷 몸판 F]는 겉에서 보이므로 소매까지만 상침해야 깔끔하다.

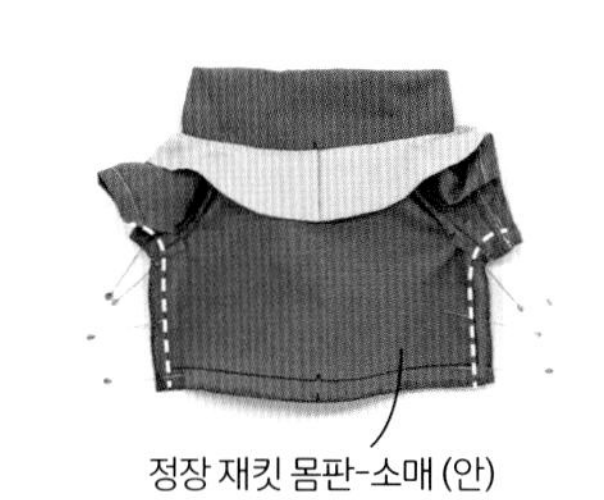

17 옆선을 박음질한다.

18 양끝의 길이가 맞도록 조정한 후 밑단을 완성선대로 접고 상침한다.(14에서 밑단에 완성선까지 여유 분량을 남기고 박음질했기 때문에 안으로 접거나 펴서 기장을 조절할 수 있다.)

19 바늘땀이 눈에 띄면 외투의 느낌이 덜하기 때문에 밑단의 상침은 안감을 2땀 정도로 고정하고 마무리한다. 스냅 단추를 단다.

20 겉면에 단추 장식을 단다. 칼라를 다림질해 모양을 잡는다. 정장 재킷 완성.

tip [정장 재킷 안감]의 가장자리를 실크 리본으로 바이어스 처리를 한 모습. 마감 방식으로도 외투의 느낌을 더할 수 있다.

특별한 날을 위한 솜뭉치 룩

02

러블리 드레스

원 모양의 재밌는 패턴으로 만드는 귀여운 드레스. 프릴 대신 레이스를 달아도 되고 작은 단추나 리본으로 장식할 수도 있어 꾸미는 즐거움을 느낄 수 있습니다. 둥근 플랫 칼라, 봉긋한 퍼프 소매와 A라인으로 퍼지는 플레어 스커트 만드는 법 등 다양한 제작 기법을 경험할 수 있습니다.

READY

옷감

면 30수 평직(화이트, 백일홍 무늬)

S: 1/8마 + 프릴 81×2cm,

L: 1/8마 + 프릴 88.4×2.5cm

부자재

폭 1cm 면 레이스 22cm

아사 심지 S: 3×8cm 2장, L: 3×8cm 2장

네일 아트용 장식

슬림 봉제형 폭 1cm 벨크로

S: 6.5cm 1쌍, L: 6.8cm 1쌍

HOW TO MAKE

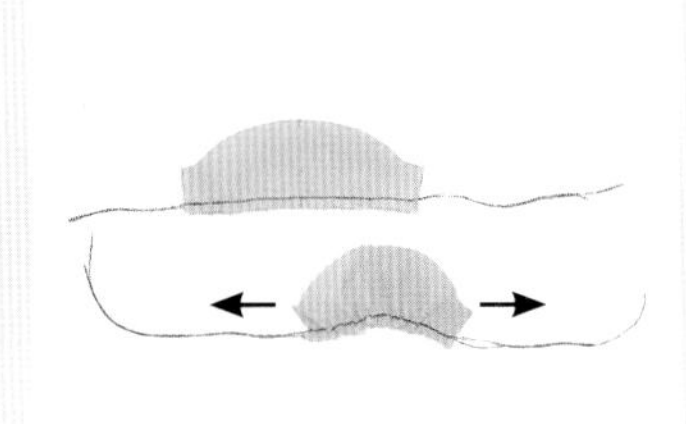

1 [러블리 드레스 소매] 밑단 시접에 홈질을 한 후, 실을 당겨 주름을 만든다.

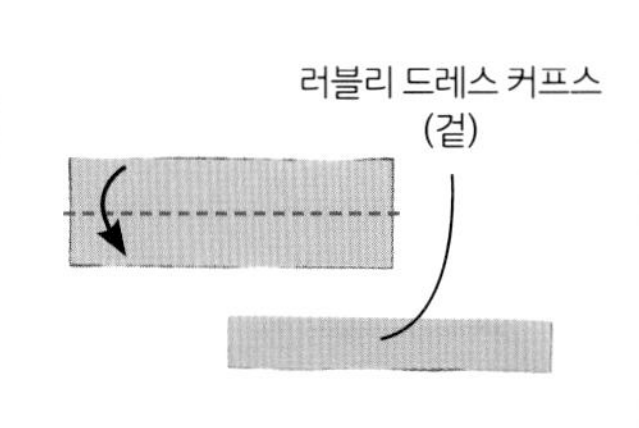

2 [러블리 드레스 커프스]를 겉면이 겉에 오도록 반 접는다.

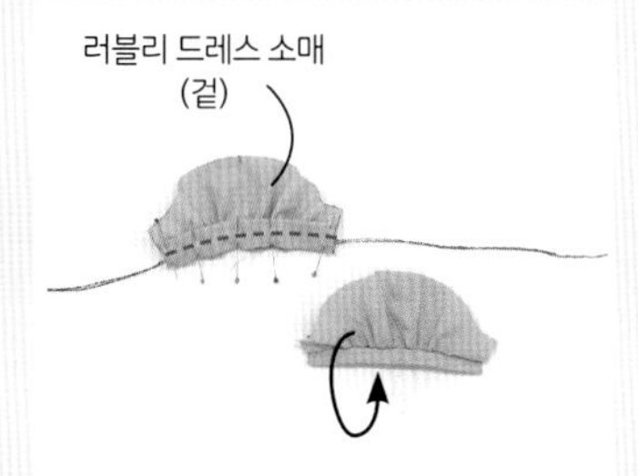

3 [러블리 드레스 소매]와 [러블리 드레스 커프스]를 겉면끼리 맞대고 밑단 완성선을 박음질한다. 시접은 소매 안쪽으로 올려 접는다.

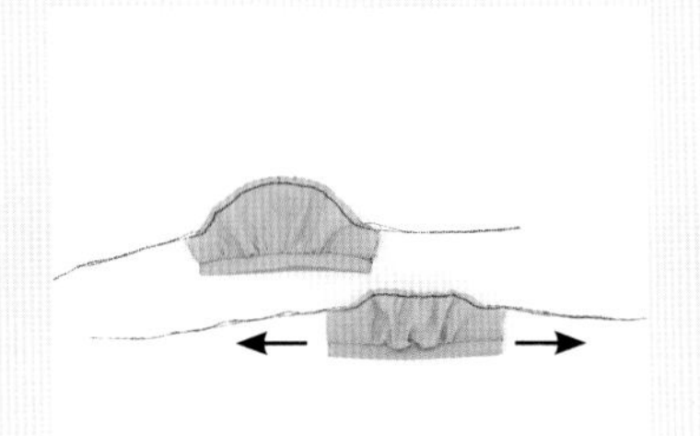

4 소매산을 따라 시접에 홈질을 한 후, 실을 당겨 주름을 만든다.

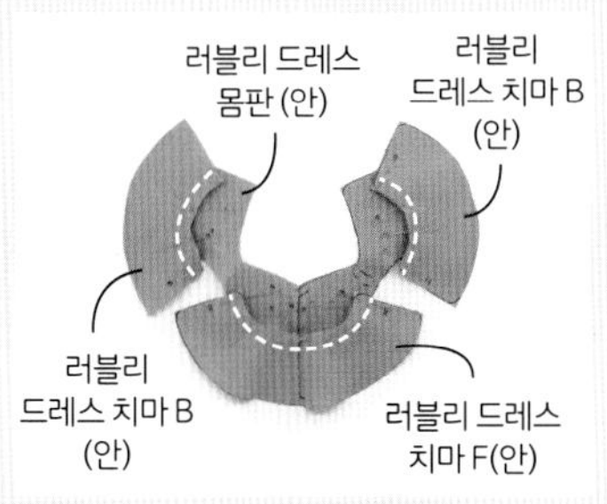

5 [러블리 드레스 몸판]과 [러블리 드레스 치마 F, B]를 연결한다. 직선(몸판 연결선)을 곡선(치마 연결선)으로 구부리는 것보다 곡선인 옷감을 직선이 되도록 당겨 박음질하는 것이 더 수월하다.

6 시접은 몸판쪽으로 접는다.

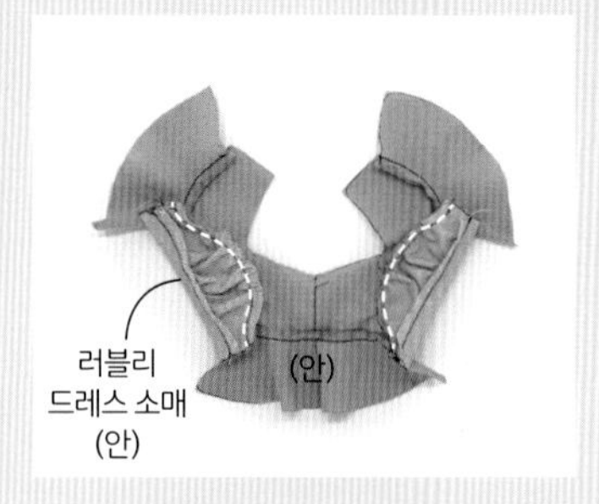

7 [러블리 드레스 소매]와 [러블리 드레스 몸판]을 연결한다. 시접은 몸판쪽으로 접는다.

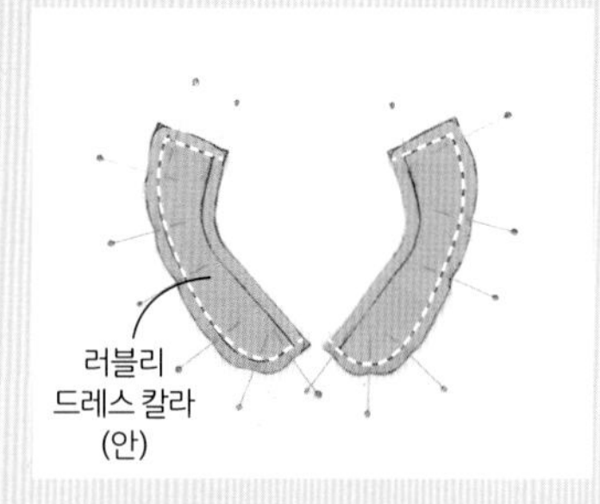

8 [러블리 드레스 칼라]의 안감과 겉감을 겉끼리 맞대고 목 연결선을 제외한 완성선을 박음질한다.

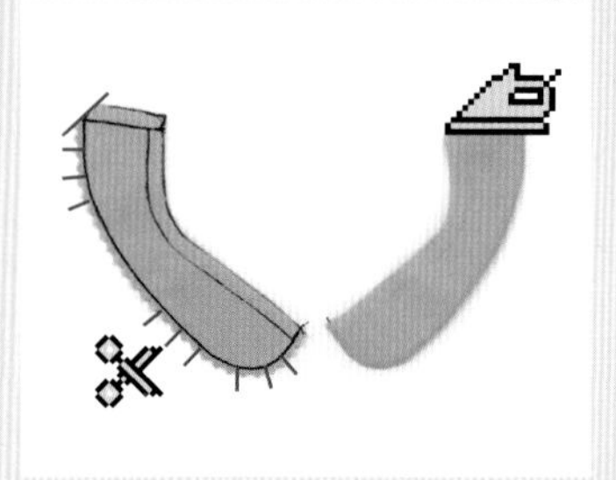

9 곡선에 가위집을 낸 후 뒤집어서 다림질한다.

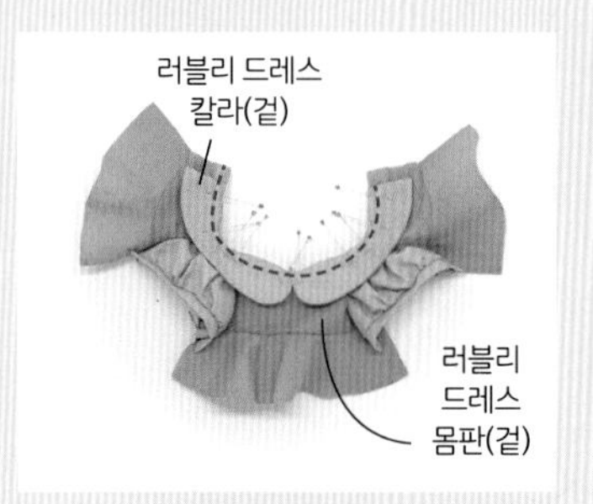

10 [러블리 드레스 몸판] 위에 [러블리 드레스 칼라]를 연결한다.

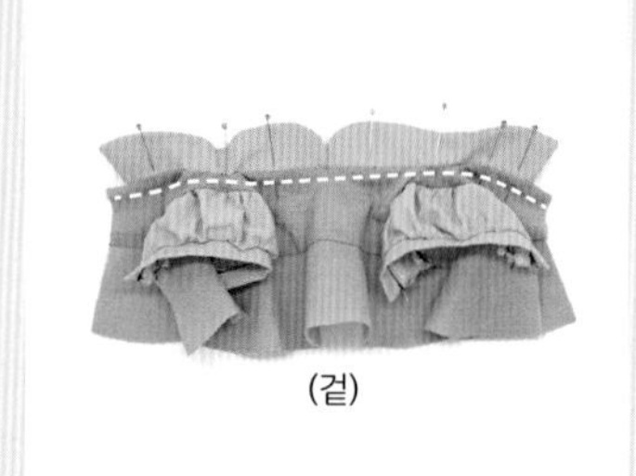

11 몸판과 칼라 사이의 시접이 몸판에 고정되도록 목 연결선 아래를 상침한다.

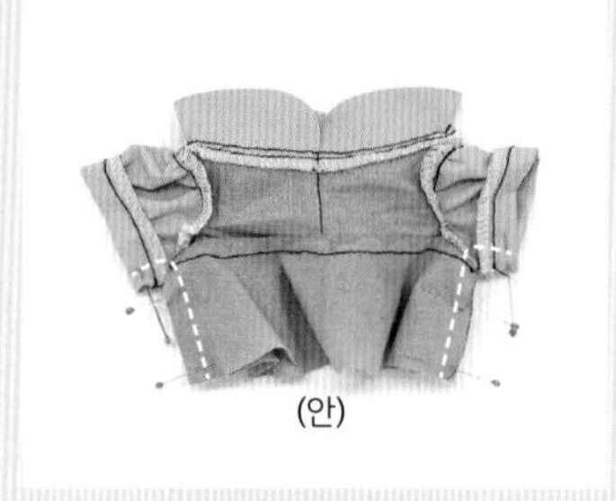

12 옆선을 박음질한다.

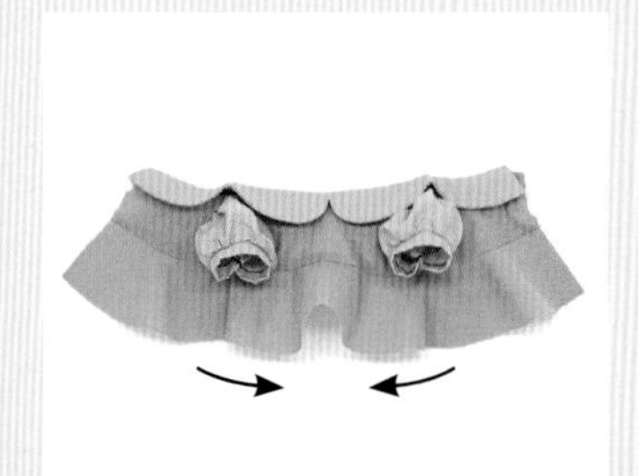

13 옆선의 시접은 가름솔하거나 앞몸판 방향으로 접는다. 사진은 옆선이 연결된 겉면의 모습.

14 가장자리를 말아박은 프릴감을 준비한다. 이때 연결할 길이의 2~3배 정도로 넉넉하게 준비한다. 바이어스 방향으로 재단하면 더 유연한 모양의 프릴로 만들 수 있다.

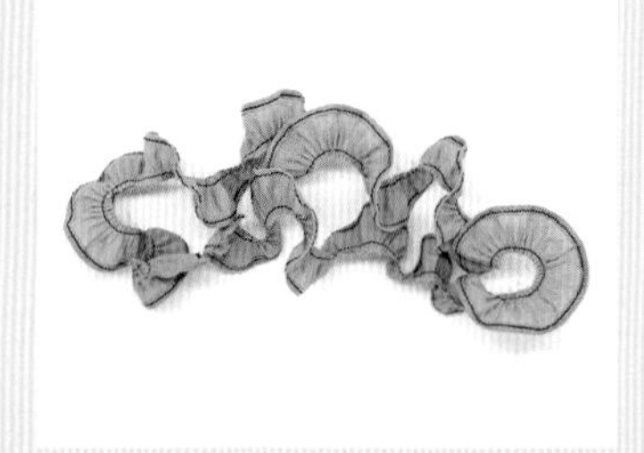

15 홈질 후 실을 잡아당기거나 러플러 노루발을 이용해 주름을 만든다.

16 치마 밑단과 [러블리 드레스 프릴]을 겉끼리 맞대어 시침한 후 박음질한다.

17 프릴을 치마 밑단쪽으로 내리고 시접이 고정되도록 [러블리 드레스 치마]에 상침한다.

18 아사 심지를 잘라 뒷여밈 부분에 겉끼리 맞닿게 둔다. 박음질해서 고정한다.

19 시접과 함께 아사 심지를 드레스 안쪽면으로 넘겨 접은 후 다림질해 고정한다. 이렇게 처리하면 벨크로를 여닫느라 옷에 변형이 가는 것을 방지할 수 있고 겉면이 깔끔해진다.

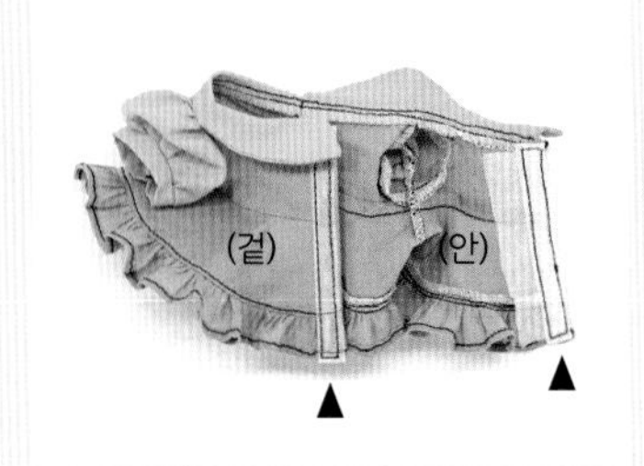

20 벨크로를 단다.

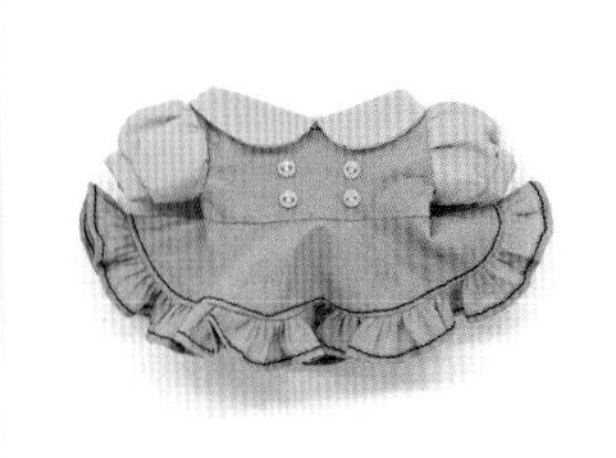

21 러블리 드레스 완성.

보닛

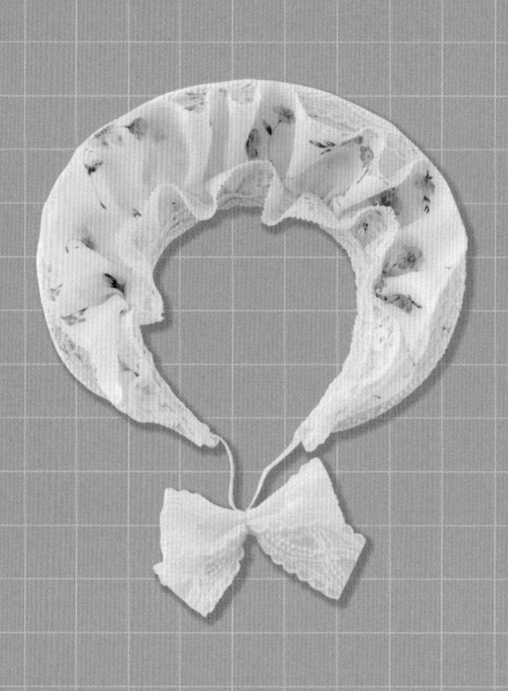

원피스나 드레스와 함께 코디하기 좋은 아이템입니다. 머리를 모두 덮지 않는 챙 모양이라 귀가 있는 솜인형도 예쁘게 쓸 수 있지요. 곡선인 테두리를 바이어스로 깔끔하게 마감하는 방법을 익힐 수 있습니다. 바이어스 대신 신축성 있는 레이스 테이프를 사용해도 좋습니다.

READY

옷감

폴리 울피치(아이보리)

S: 1/16마 + 프릴 43.6×4.5cm,

L: 1/16마 + 프릴 49.8×4.5cm

부자재

접착솜 S: 1/16마, L: 1/16마

주름 랏셀 레이스 S: 23.5cm, L: 27cm

망사 레이스(바이어스로 사용)

S: 58cm + 리본 20cm,

L: 66cm + 리본 20cm

폭 4mm 고무줄 S: 6.5cm, L: 8cm

HOW TO MAKE

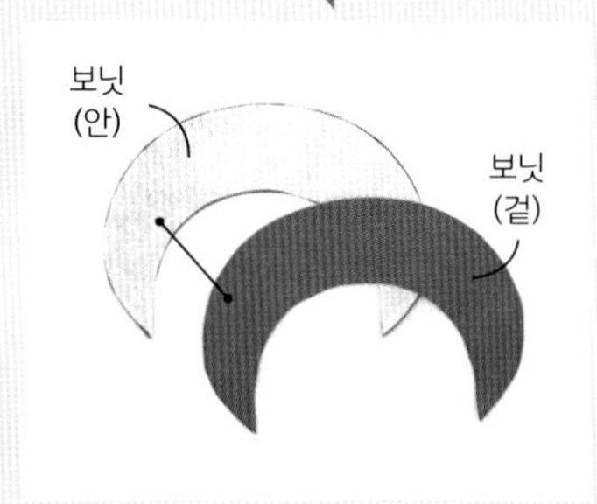

1 [보닛] 2장 중 하나의 안쪽면에 접착솜을 붙인다. [보닛]을 시접선이 아닌 완성선으로 재단한다.

2 접착솜 위로 다른 [보닛] 한 장을 올린다. 원단용 본드나 딱풀 등을 발라 다림질하거나 시접에 시침질을 해 임시로 고정한다.

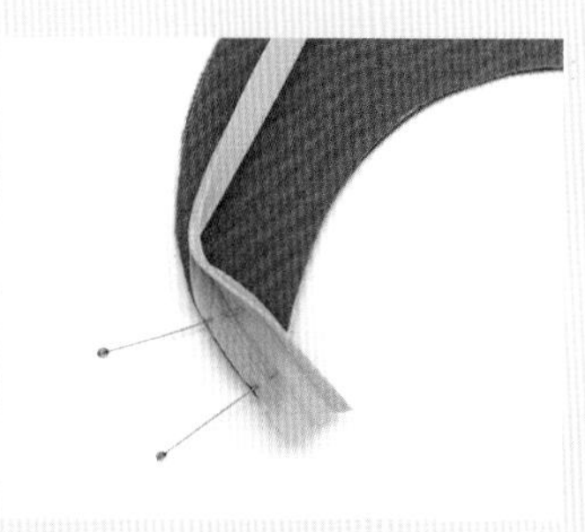

3 7mm 바이어스를 만든다.(51p 참고) [보닛]의 테두리에 바이어스를 둘러 시침핀으로 고정한다.

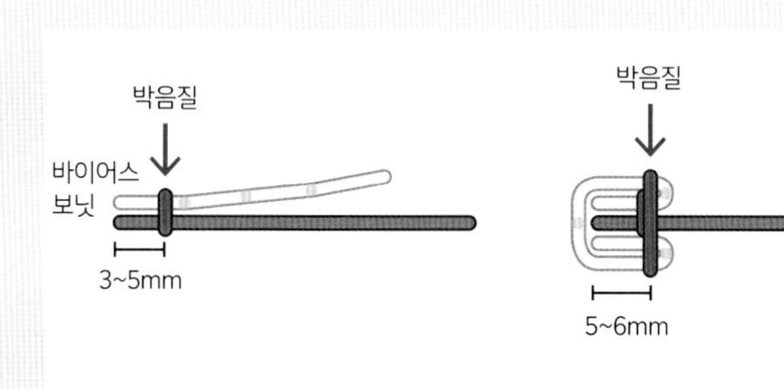

tip 바이어스 박음질 자세히 보기

4 가장자리에서 3~5mm 안쪽 선을 따라 박음질한다.

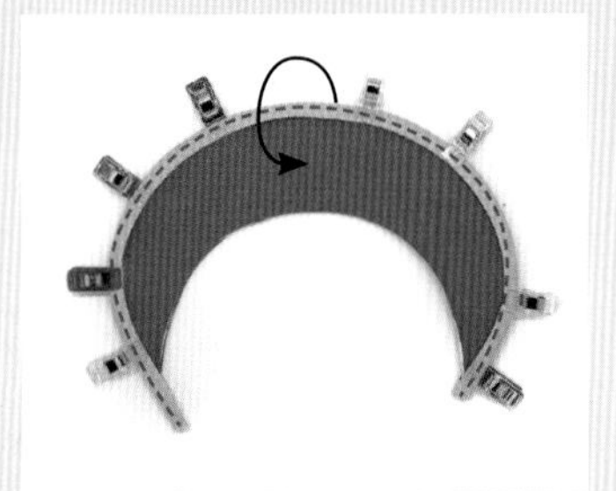

5 바이어스를 보닛 뒷면으로 넘겨 접고 테두리를 상침한다.

6 가장자리를 말아박기한 프릴감을 준비한다. 이때 연결할 길이의 2~3배 정도로 넉넉하게 준비한다. 바이어스 방향으로 재단하면 더 유연한 모양의 프릴로 만들 수 있다.

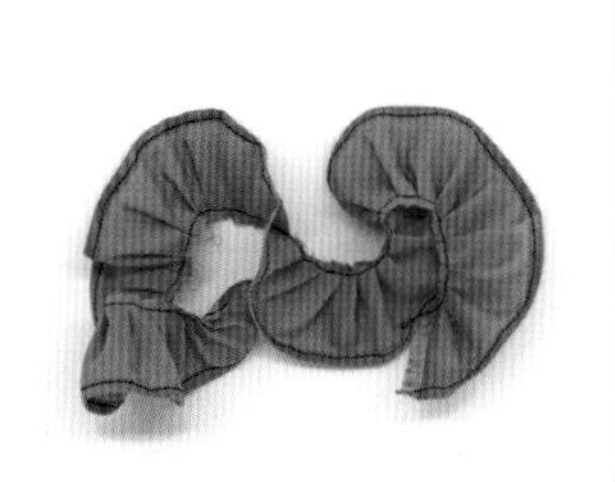

7 홈질 후 실을 잡아당기거나 러플러 노루발을 이용해 주름을 만든다.

8 [보닛]의 정면에서 하단 테두리에 프릴을 연결한다. 양끝으로 갈수록 프릴이 짧아지도록 모양을 잡아 박음질한다.

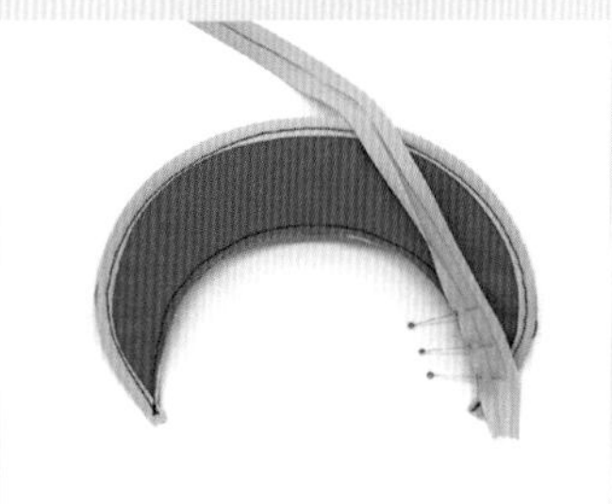

9 [보닛] 뒷면의 안쪽 테두리 역시 3과 동일하게 바이어스를 시침한다.

10 가장자리에서 3~5mm 안쪽에 박음질한다.

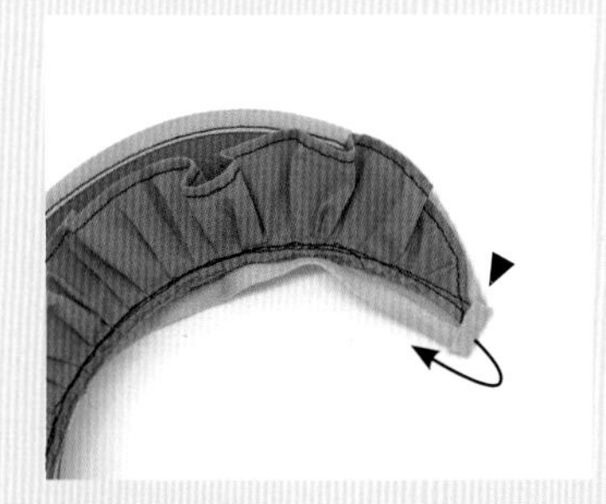

11 끝부분은 5mm 가량 안쪽으로 접는다.

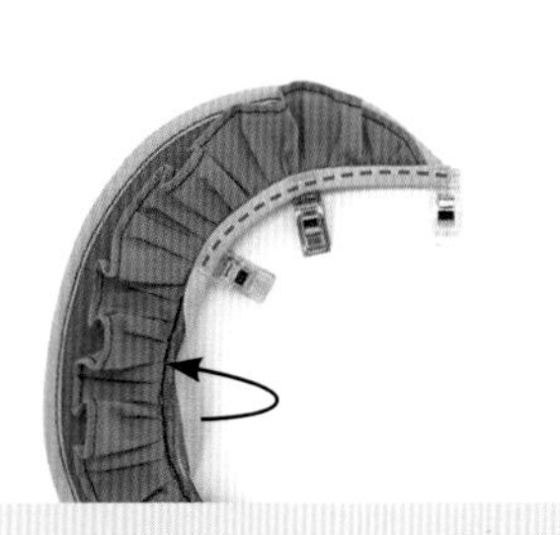

12 바이어스를 앞면에서 상침해 고정한다.

13 [보닛]의 양끝에 고무줄을 꿰맨다.

14 고무줄 중앙에 고정된 리본을 꿰매어 장식한다. 보닛 완성.

04 특별한 날을 위한 솜뭉치 룩

산타 의상

산타 상의

존재만으로 선물 그 자체인 깜찍한 솜인형 산타가 나타났다! 포근한 털 트리밍이 포인트인 산타복으로 크리스마스 파티의 주인공이 되어보세요. 안감이 없어 간단하게 만들 수 있는 의상으로, 신축성 있는 원단을 추천합니다.

READY

옷감

면 30수 싱글 다이마루(레드) / 미니 쭈리
S: 1/32마, L: 1/16마

단면 폴라폴리스 / 극세사(백아이보리)
S: 65×3cm, L: 74×3cm

부자재

티단추(블랙) 2쌍 S: 9mm 크기, L: 11mm 크기

벨트: 폭 6mm 양면 무광 주자 리본(블랙)
S: 12cm, L: 15cm

인형용 벨트 버클 7x8mm(실버) 1개,

폭 4mm 고무줄(블랙) 4cm

HOW TO MAKE

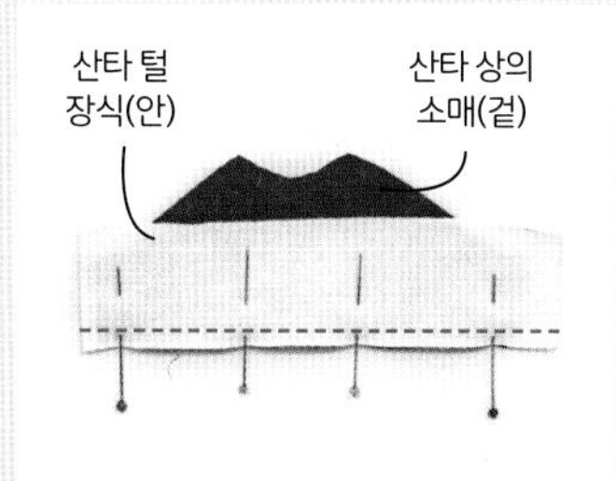

1 [산타 상의 소매]에 [산타 털 장식]을 겉끼리 맞대어 가장자리에서 5mm 안쪽의 선인 완성선을 따라 박음질한다.

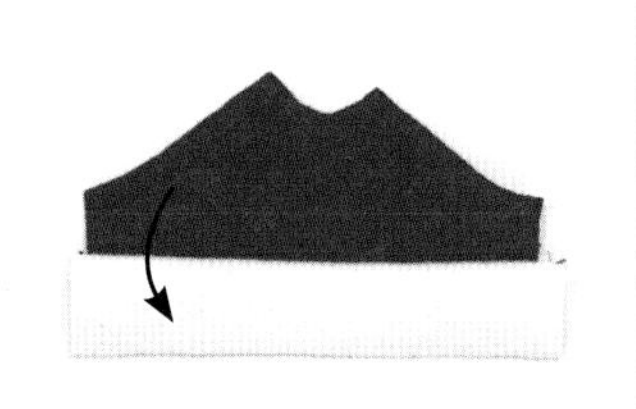

2 [산타 털 장식]을 아래로 내려 접는다.

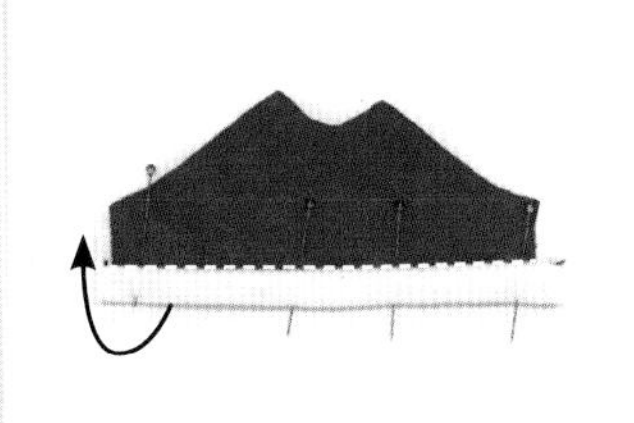

3 [산타 털 장식]을 안쪽으로 접은 후 숨은 상침(털 장식과 소매 사이에 상침해 겉에서 잘 보이지 않게 함)을 해 고정한다.

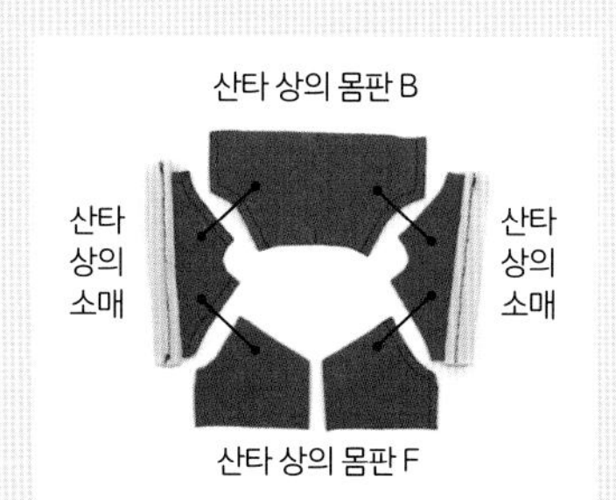

4 [산타 상의 몸판]과 [산타 상의 소매]를 모두 연결한다.

5 옆선을 박음질한다.

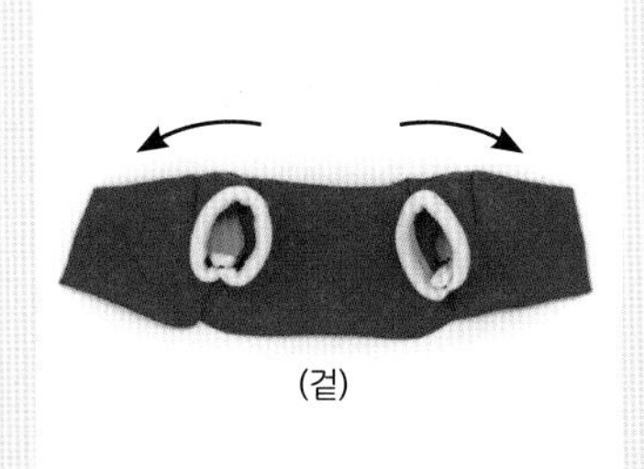

6 겉면이 보이게 뒤집고 소매를 겉으로 빼서 옷감을 펼친다.

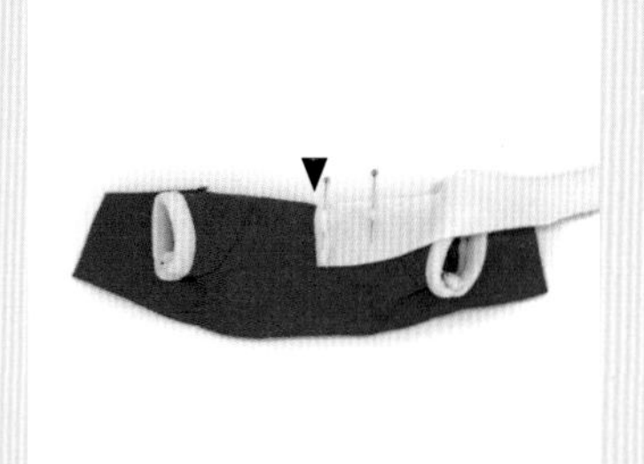

7 [산타 털 장식]의 끝을 3~5mm 정도 접은 후 목 뒤부터 시침질을 시작한다.

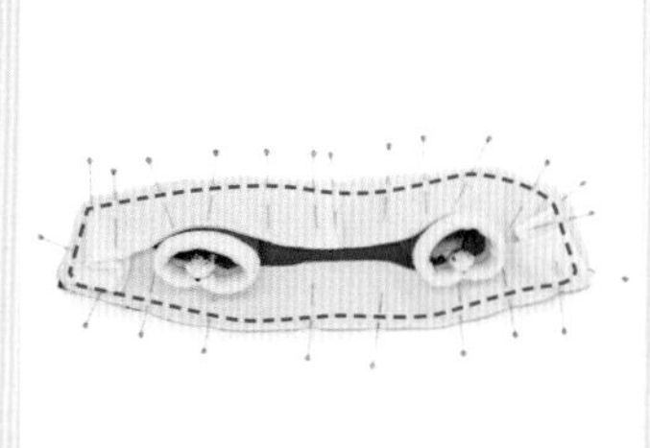

8 상의 테두리를 따라서 쭉 [산타 털 장식]을 둘러 시침한 후 완성선대로 박음질한다.

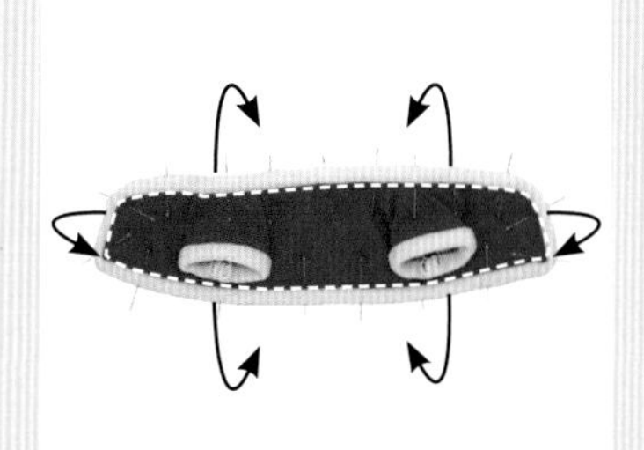

9 3과 동일하게 [산타 털 장식]을 안면으로 접어 넘기고 숨은 상침을 한다.

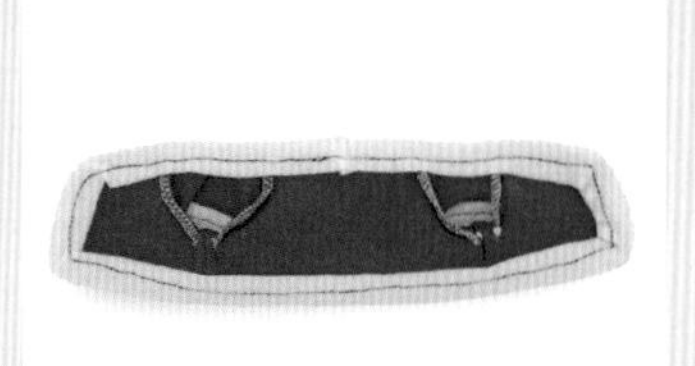

10 옷감 안면의 모습.

11 티단추를 단다. 열고 닫는 과정에서 힘이 가해지므로, 단추가 빽빽하거나 원단이 성기다면 재단 단계에서 여밈 부분에 접착심지(식서형)를 붙여 원단 늘어짐을 방지한다.

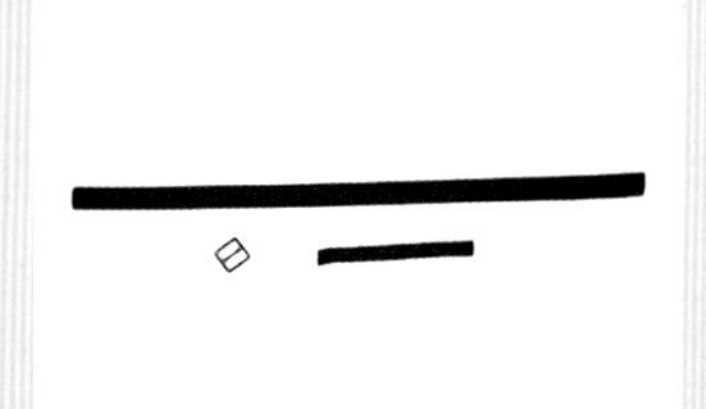

12 6mm 무광 리본과 고무줄, 벨트 버클 장식을 인형 크기에 맞게 준비한다.

13 리본 끝을 고무줄로 연결하면 인형에 입히고 벗길 때 수월하다.

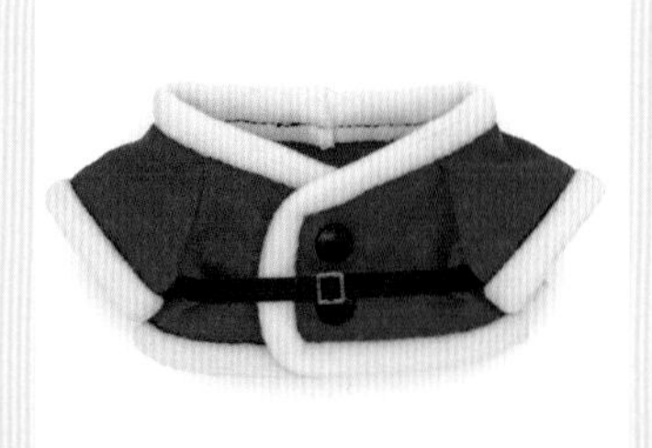

14 산타 상의 완성.

산타 바지

밑단에 털 장식을 붙인 고무줄 바지입니다. 산타 상의와 산타 모자를 함께 코디해 완벽한 산타룩을 만들어보세요!

READY

옷감

면 30수 싱글 다이마루(레드) / 미니 쭈리

S: 1/32마, L: 1/16마

단면 폴라폴리스 / 극세사(백아이보리)

S: 24×3cm, L: 34×3cm

부자재

폭 4mm 고무줄

S: 11cm, L: 14cm

HOW TO MAKE

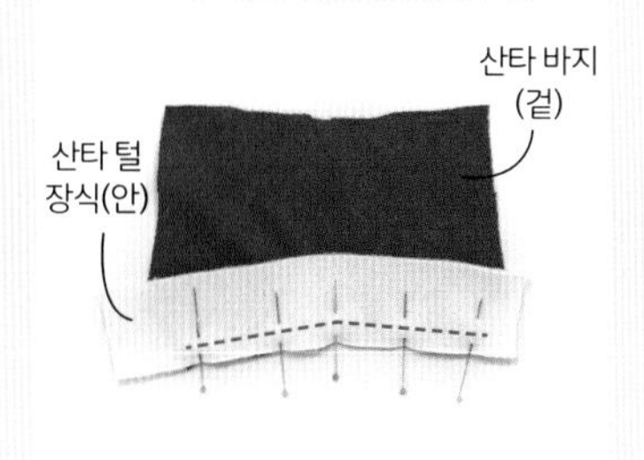

1 [산타 바지] 밑단 겉감에 [산타 털 장식]을 겉끼리 맞대고 완성선에 박음질한다.

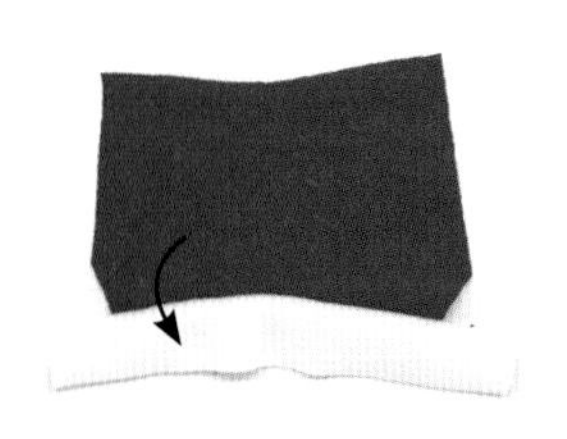

2 [산타 털 장식]을 아래로 내려 접는다.

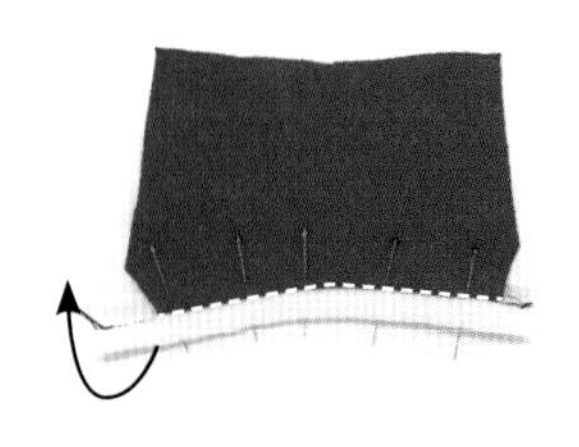

3 [산타 털 장식]을 [산타 바지] 안면으로 접은 후 숨은 상침으로 고정한다. [산타 상의 소매]와 동일한 방식으로 진행한다.

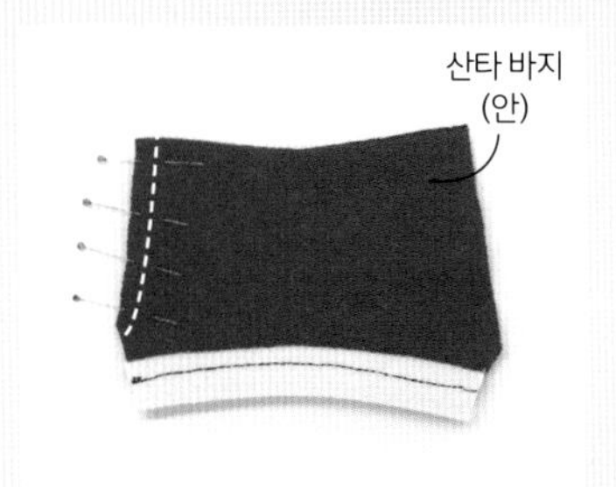

4 바지의 앞밑위선을 박음질한다.

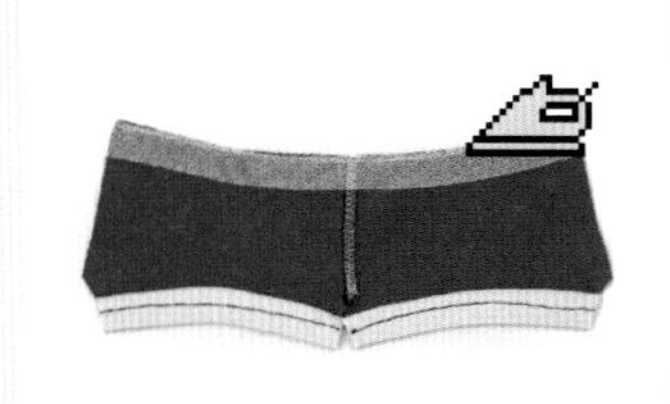

5 원단이 얇은 경우, 수월한 재봉을 위해 실크 접착심지(바이어스형)를 윗부분에 붙인다.(생략 가능)

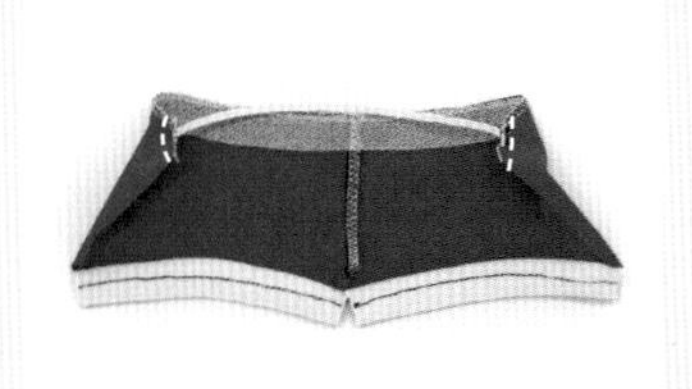

6 인형 배 둘레의 60~70% 길이의 고무줄을 옷감 안면의 양끝 시접 부분에 고정한다.

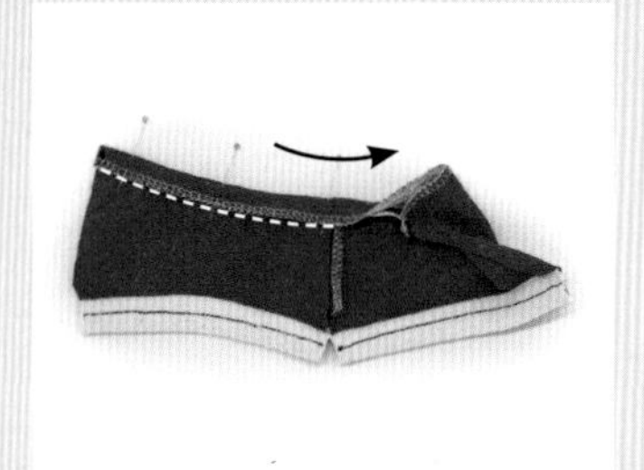

7 [산타 바지]의 허리 부분을 완성선대로 접은 후 상침한다. 이때 고무줄을 박지 않도록 주의한다. 상침을 진행하는 부분만 펴가면서 상침하면 수월하다.

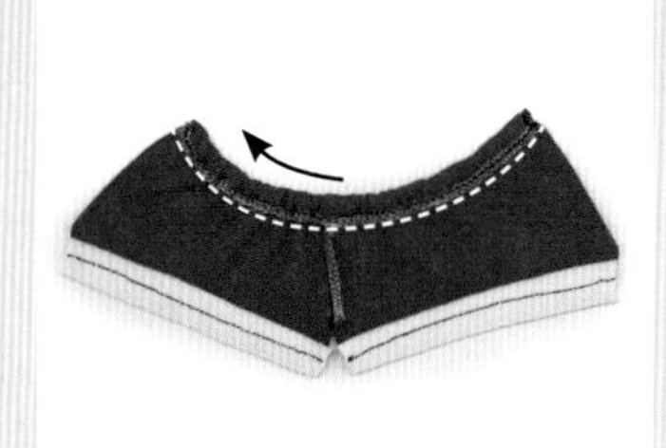

8 끝부분을 상침할 때에는 주름을 이미 상침한 앞부분으로 옮기고 박는다.

9 이렇게 고무줄을 넣고 박으면 옷핀으로 고무줄을 넣는 것보다 더 빠르게 옷을 만들 수 있다.

10 뒷밑위선을 연결한다.

11 가랑이 부분을 박음질한다.

12 산타 바지 완성.

산타 모자

산타복 코디를 완성해주는 산타 모자입니다. 크기를 크게 수정하면 사람용 모자도 만들 수 있어요. 솜인형과 트윈룩으로 크리스마스 파티를 즐겨보세요~

READY

옷감

면 30수 싱글 다이마루(레드) / 미니 쭈리

S: 1/16마, L: 1/16마

단면 폴라폴리스 / 극세사(백아이보리)

S: 32.5×5cm 방울 6×6cm, L: 35×8cm 방울 8×8cm

부자재

솜 1주먹 / 폼폼 1개

HOW TO MAKE

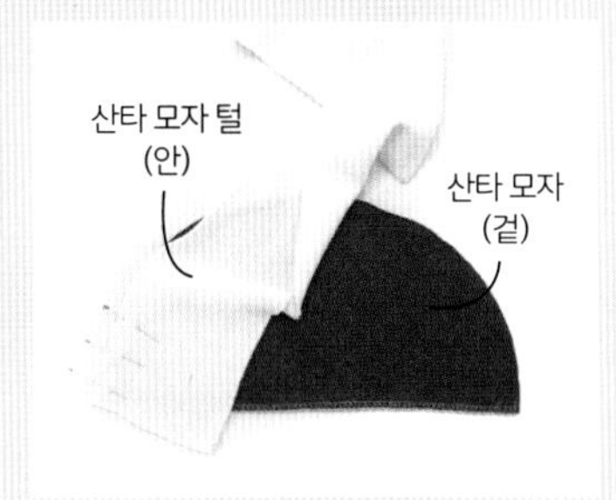

1 [산타 모자]와 [산타 모자 털]을 겉끼리 맞대고 가장자리를 맞춰 시침핀으로 고정한다.

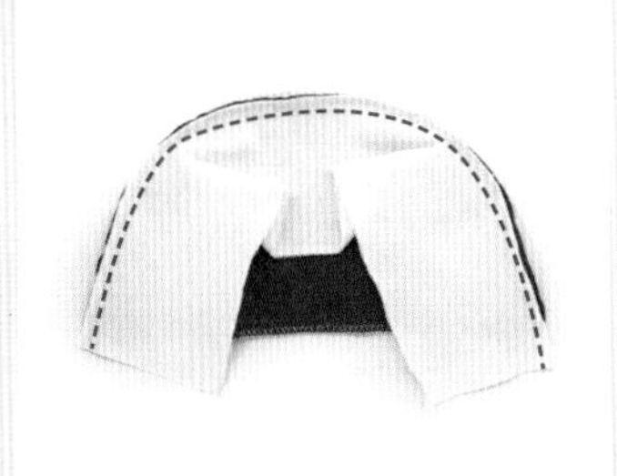

2 완성선대로 박음질해 연결한다.

3 안쪽면에서 옆선을 박음질한다. 시접을 [산타 모자 털] 방향으로 내려 접는다.

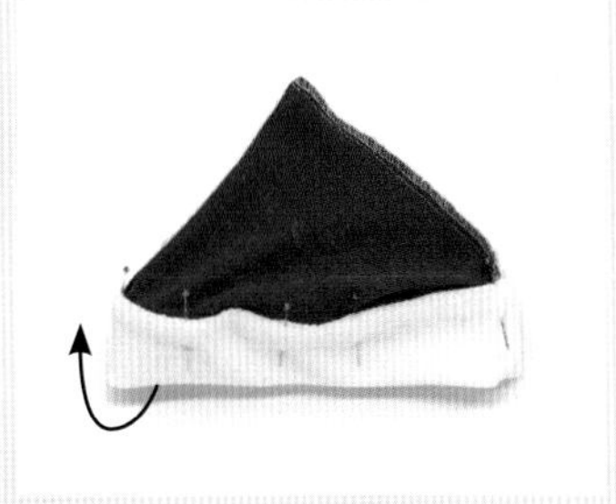

4 [산타 모자 털]을 안면쪽으로 접는다. 이때 2의 박음질선보다 2~3mm 더 위로 올라오도록 접고 시침핀으로 고정한다.

5 모자를 뒤집어 겉면에서 [산타 모자]와 [산타 모자 털] 연결선 사이를 숨은 상침한다. 안쪽으로 접은 [산타 모자 털]이 같이 박히는지 중간중간 확인한다.

6 [산타 모자 방울]의 테두리를 홈질해서 오그린 후 안에 솜을 넣어 방울을 만든다. 폼폼으로 대체 가능하다.

7 방울을 모자에 달아준다. 산타 모자 완성.

특별한 날을 위한 솜뭉치 룩

05

도포 & 술띠

도포

우리나라 전통 의복인 한복의 아름다움을 솜인형 옷으로도 만날 수 있어요! 갓과 술띠와 함께 코디하면 더 멋스럽답니다. 한복지를 처음 다룬다면 다림질을 하고 가위집을 내는 과정이 어렵게 느껴질 수도 있지만, 솜인형을 의젓한 선비님으로 변신시키고 싶다면 꼭 도전해보세요!

READY

옷감

겉감: 매화 양단(곤색) S: 1/8마, L: 1/4마

안감: 산탄지(검정) S: 1/8마, L: 1/8마

부자재

폭 6mm 양면 무광 주자 리본(백아이보리)
S: 22cm, L: 26cm

스냅 단추 1쌍 S : 5mm 크기, L: 8mm 크기

HOW TO MAKE

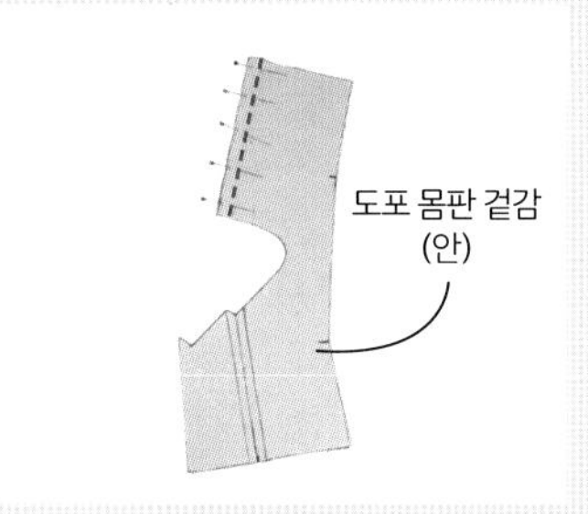

1 [도포 몸판 겉감] 2장을 겉끼리 맞대고 뒷중심의 완성선을 박음질한다.

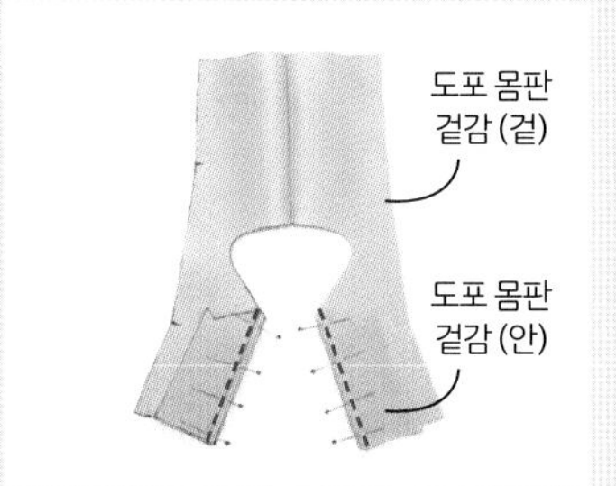

2 [도포 몸판 겉감]의 앞섶선을 너치에 맞춰 접은 후, 완성선대로 박음질한다.

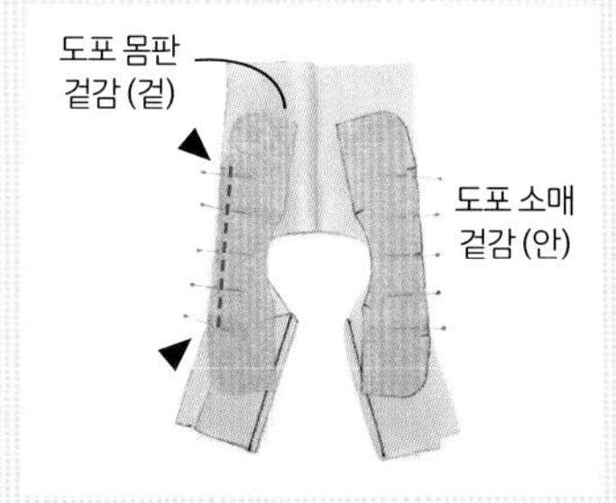

3 [도포 소매 겉감]과 [도포 몸판 겉감]을 겉끼리 맞대어 박음질한다.

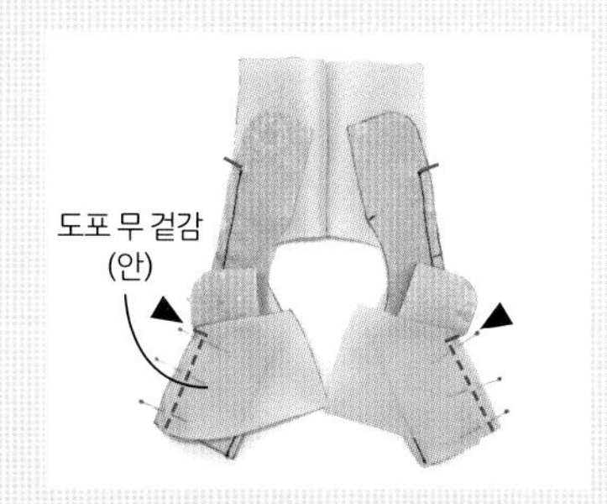

4 [도포 무 겉감]을 [도포 몸판 겉감]에 연결한다. 이때 소매를 같이 박음질하지 않도록 주의한다.

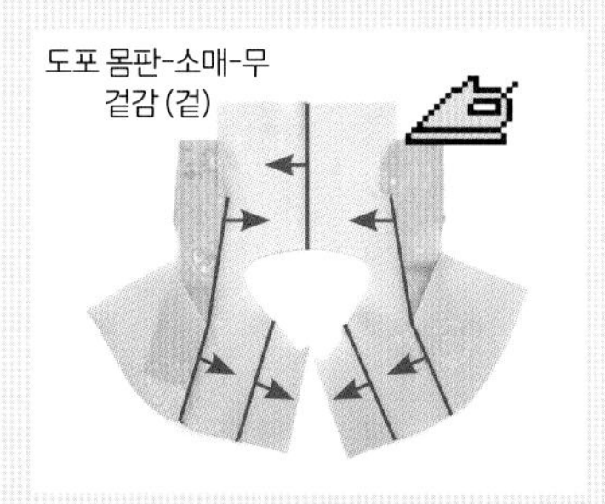

5 시접을 모두 중심 방향으로 접어 다림질한다. 뒷중심선의 시접은 왼쪽(입는 입장에서 오른쪽)으로 접는다.

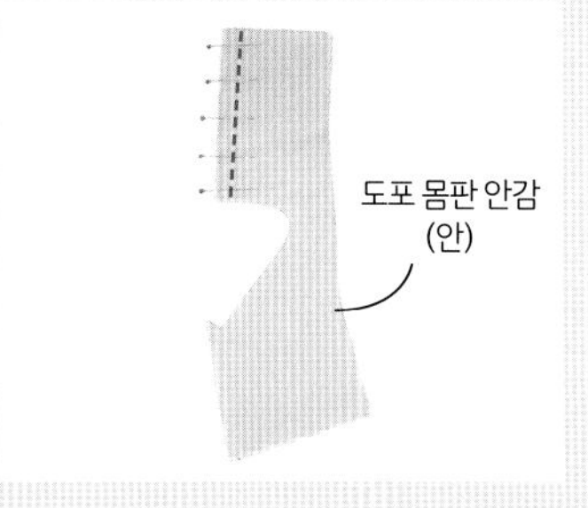

6 [도포 몸판 안감] 2장을 겉끼리 맞대고 뒷중심의 완성선을 박음질한다.

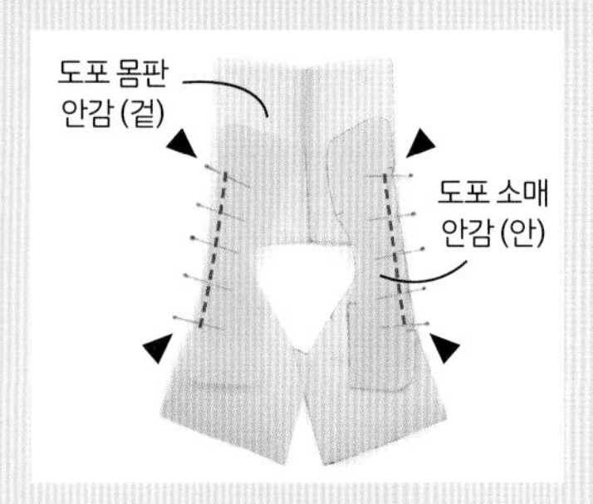

7 [도포 소매 안감]과 [도포 몸판 안감]을 겉끼리 맞대어 박음질한다.

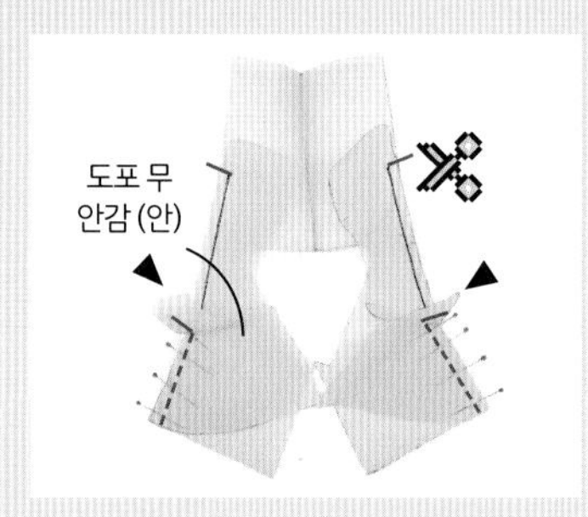

8 [도포 무 안감]을 [도포 몸판 안감]에 연결한다. 겉감과 동일하게 소매를 같이 박음질하지 않도록 주의한다.

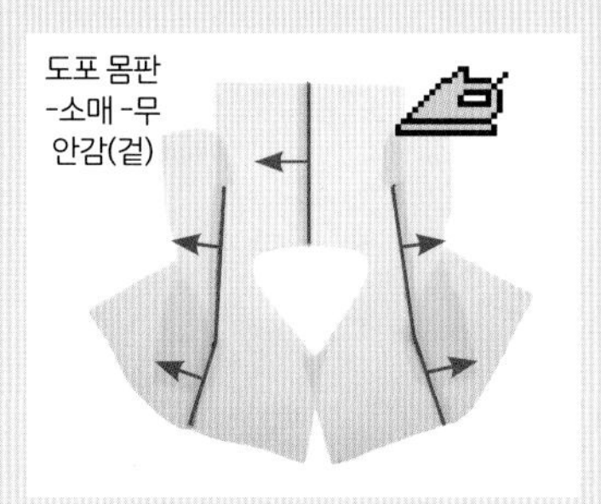

9 안감의 시접들은 겉감과 달리 모두 바깥 방향으로 접고 다림질한다. 뒷중심선의 시접은 겉감과 동일한 방향으로 접는다.(그래야 겉감과 안감을 연결했을 때 시접이 겹쳐지지 않는다.)

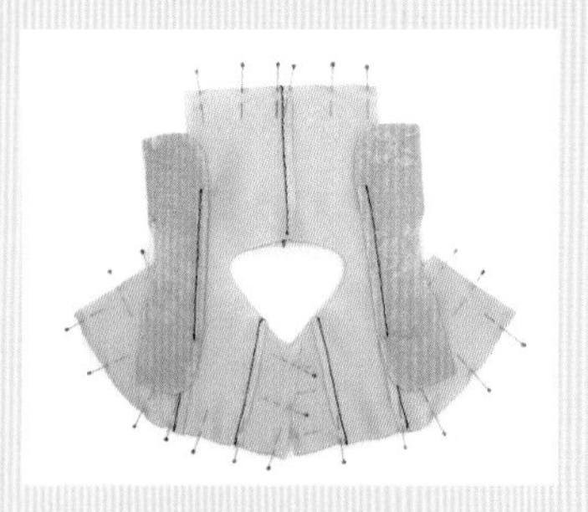

10 [도포 겉감]과 [도포 안감]을 겉끼리 맞대어 시침한다.

뒷면 보기

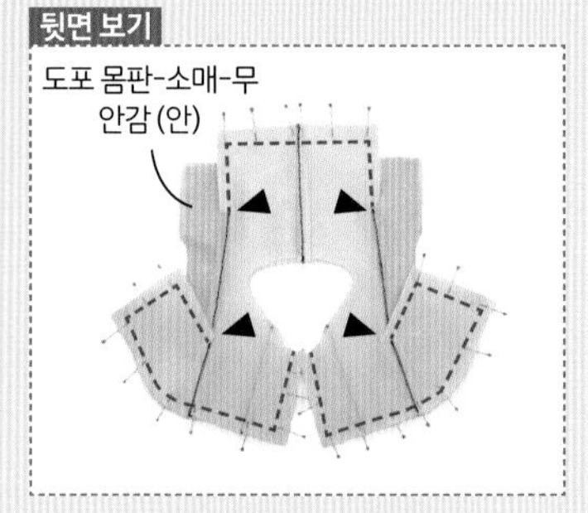

11 깃이 연결되는 목 둘레와 소매를 제외한 완성선을 박음질한다.

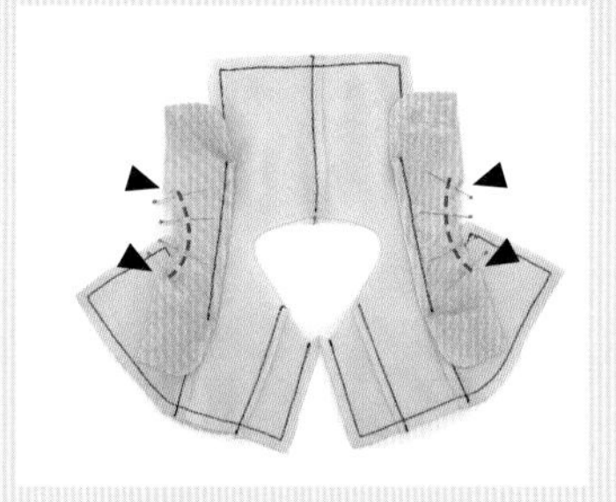

12 완성선을 벗어나지 않도록 주의하며 소매 입구를 박음질한다.

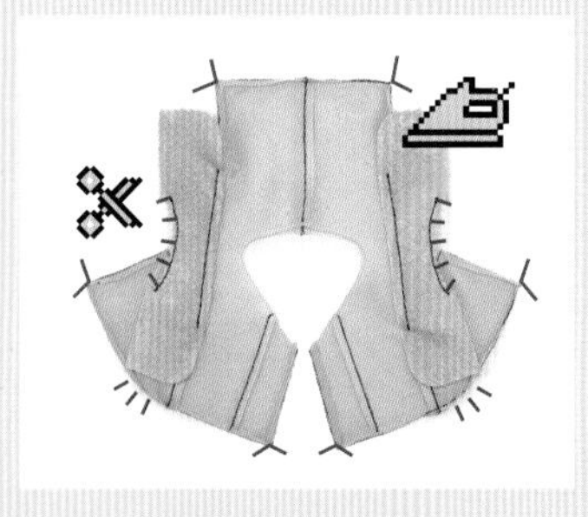

13 시접을 완성선대로 접고 다림질한다. 곡선 구간에 가위집을 낸다. 이때 가위집을 먼저 내면 시접을 접기가 어렵기 때문에 꼭 다림질을 먼저 한다.

14 직각 꼭지점의 경우 대각선으로 시접을 자른다. 뒤집는 과정에서 이 부분의 올이 풀릴 수 있기 때문에 꼭 올이 풀리지 않게 처리한다.

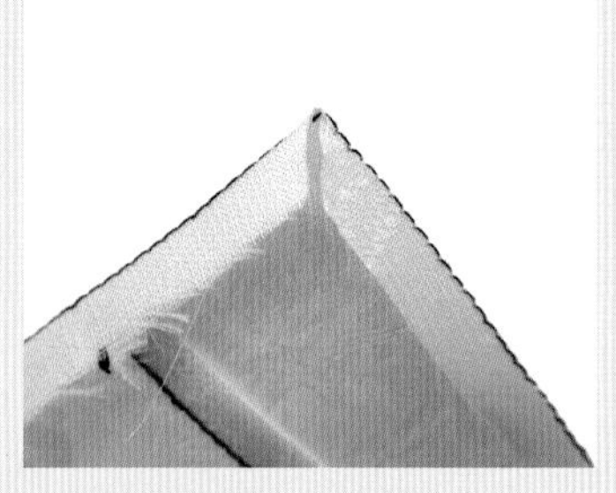

15 폴리에스터로 만든 원단의 끝을 라이터불로 녹여 굳힌 후 완성선대로 접은 모습. 원단을 과하게 녹이면 두꺼워져서 뒤집었을 때 뭉툭해지거나 박음질선까지 탈 수 있으니 주의한다.

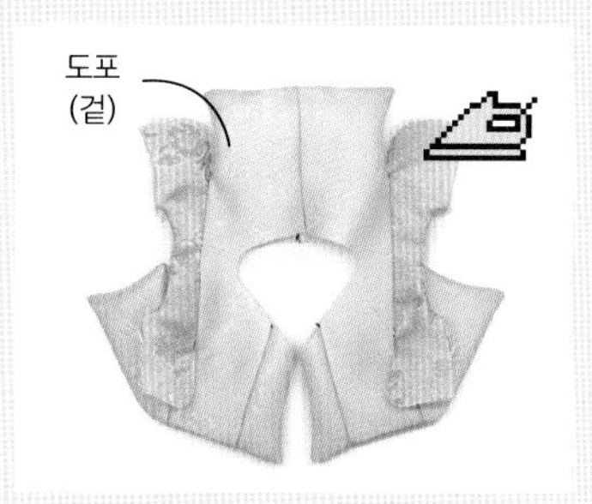

16 깃쪽 구멍을 통해 옷감을 뒤집고 모양을 잡아 다림질한다.

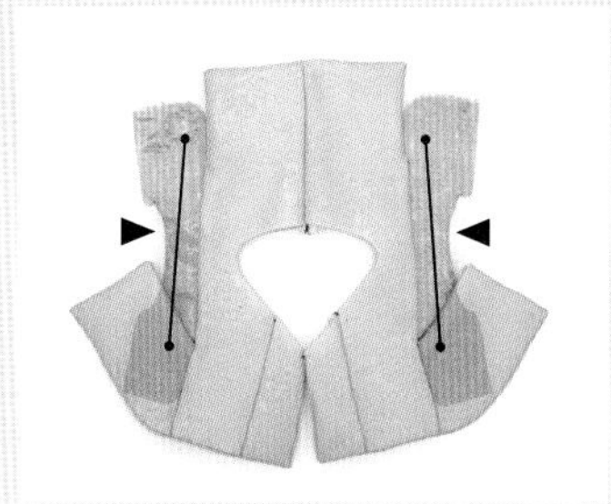

17 소매 중심선을 기준으로 소매를 겉끼리 맞닿게 접는다.

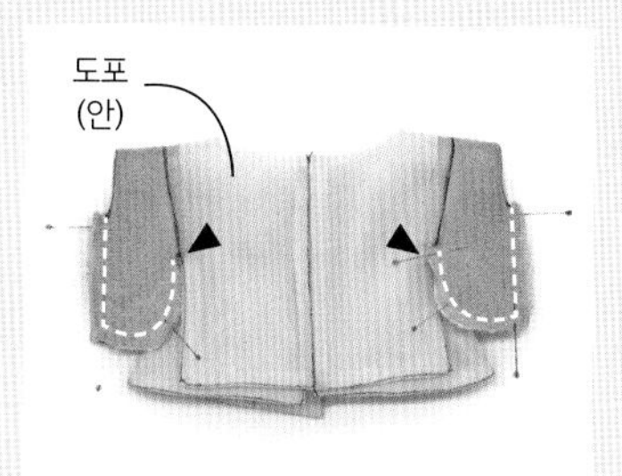

18 소매의 안감 2장, 겉감 2장을 모두 정돈하고 완성선대로 박음질한다. 이때 겨드랑이쪽 몸판은 박지 않도록 주의한다. 소매 입구는 원단 끝까지 튼튼하게 박는다.

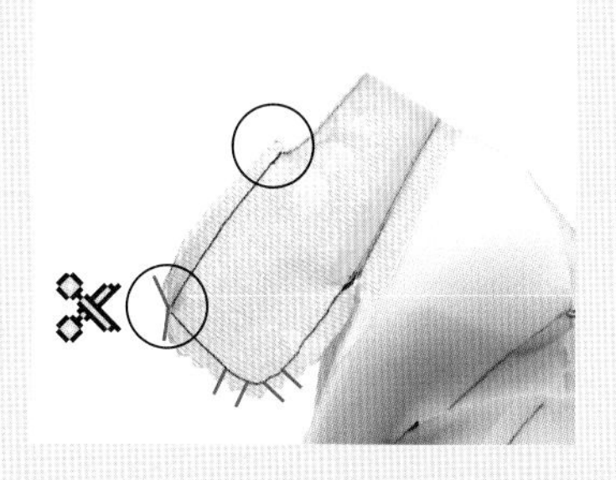

19 곡선 구간의 시접에 가위집을 낸다. 소매 입구의 시접과 꼭지점에는 올이 풀리지 않게 처리한다.

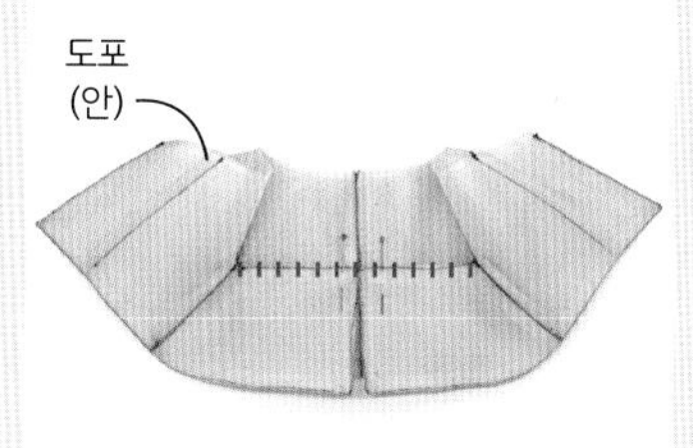

20 [도포 무]를 몸판 뒷중심선과 직각을 이루도록 시침한 후 공그르기로 연결한다. 이때 겉에서는 보이지 않도록 안감에 꿰맨다.

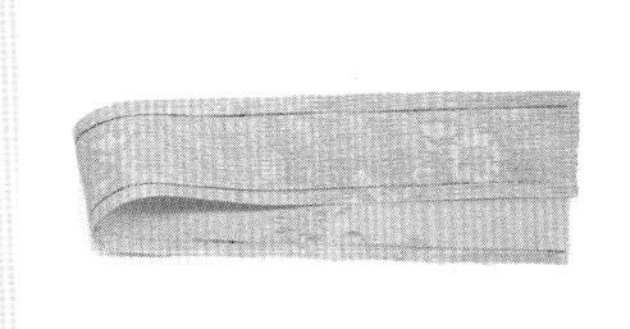

21 [도포 깃]을 패턴의 보조선대로 다림질해서 준비한다.(151p '깃 재단 팁' 참고)

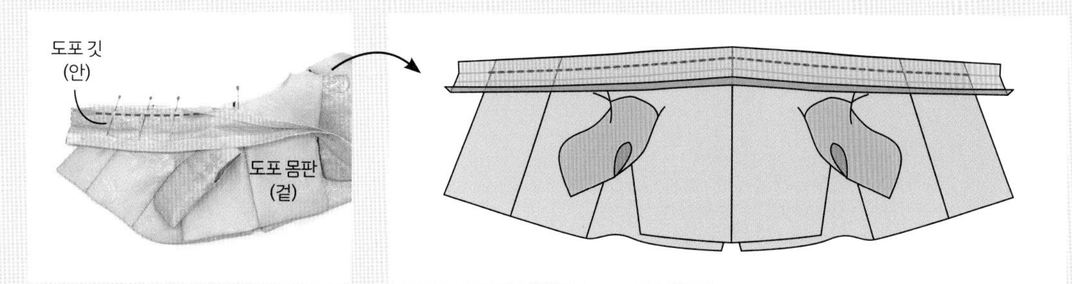

22 [도포 깃]과 [도포 몸판]을 겉끼리 맞대고 완성선(ⓐ)대로 박음질한다.

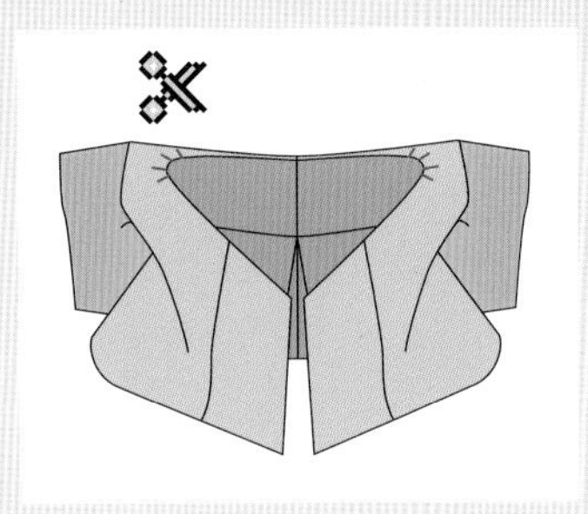

tip 몸판의 곡선 구간에 가위집을 내면 깃 연결이 수월하다.

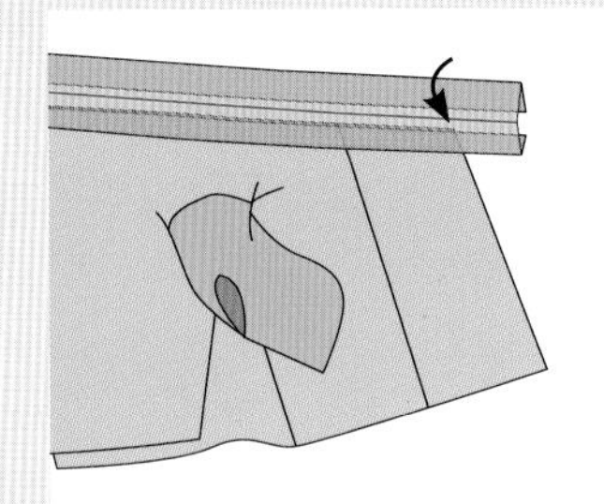

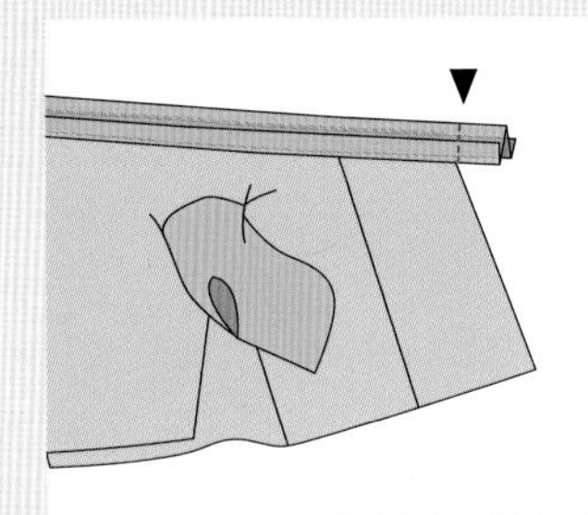

23 [도포 깃]의 ⓑ선을 반대로 접어 [도포 몸판]이 끝나는 지점에 깃과 직각을 이루는 선을 따라 박음질한다.

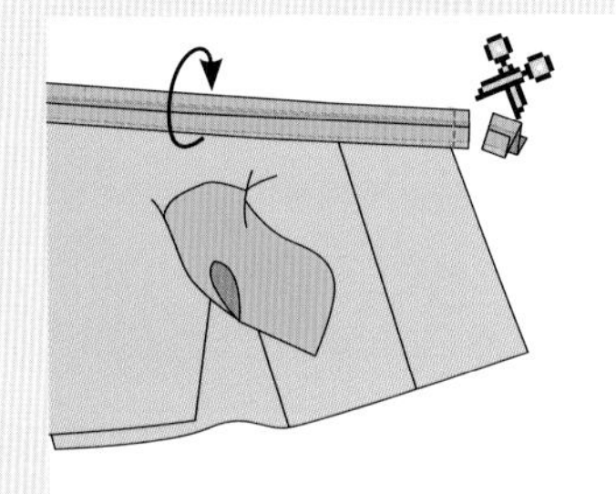

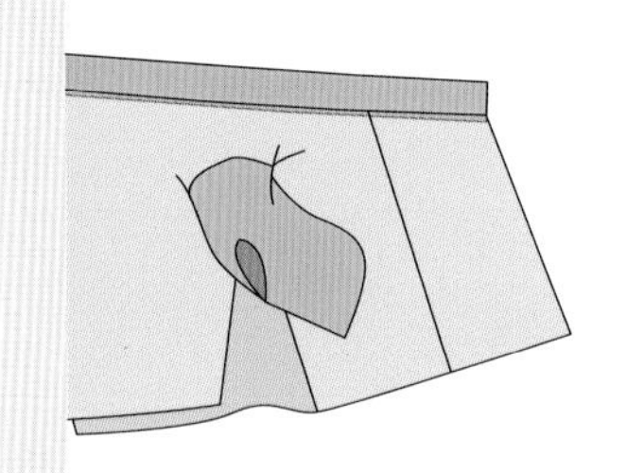

24 시접을 3mm 정도 남기고 자른다. 깃을 뒤집는다.

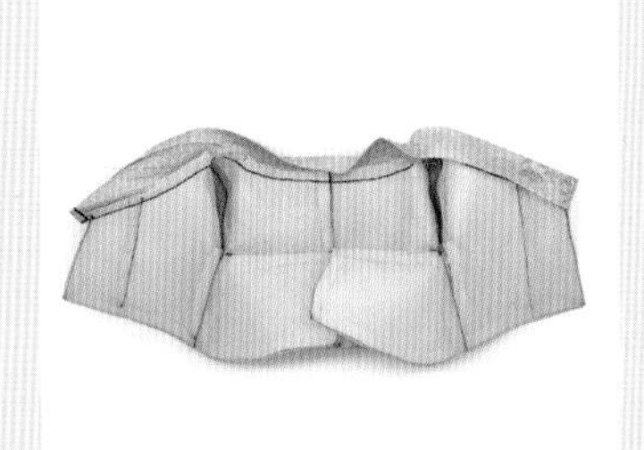

25 안면에서 봤을때 접힌 깃이 ⓐ선 박음질한 땀을 걸치거나 덮여야 한다.(이후 숨은 상침을 쉽게 할 수 있다.)

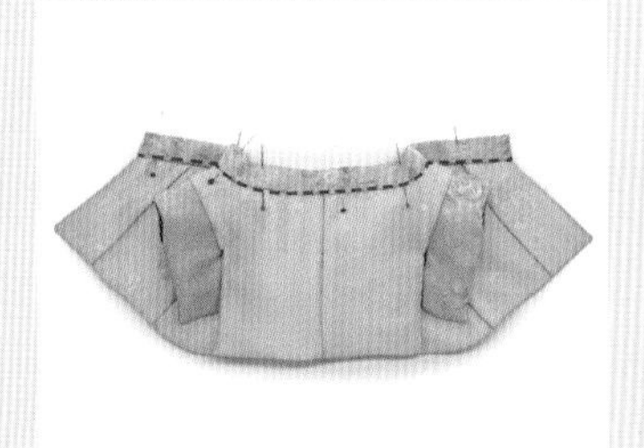

26 안감쪽의 깃이 움직이지 않도록 시침한 후 깃과 몸판 연결선 사이를 숨은 상침한다. 중간중간 깃을 벌려 안감쪽 깃이 함께 박히고 있는지 확인하면서 천천히 진행한다.(숨은 상침 대신 안감쪽에서 공그르기 가능)

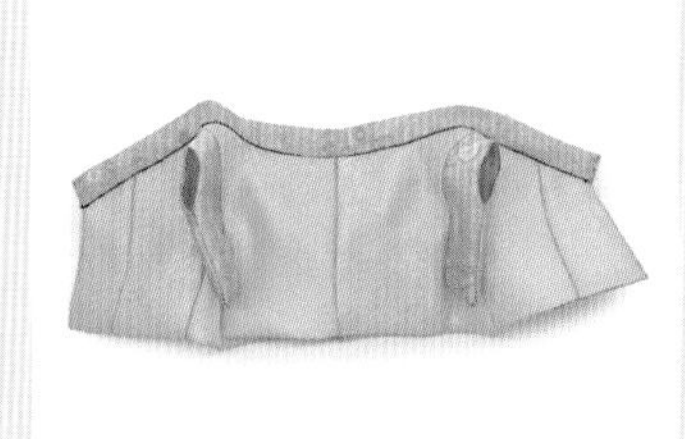

27 숨은 상침을 마친 모습.

뒷면 보기

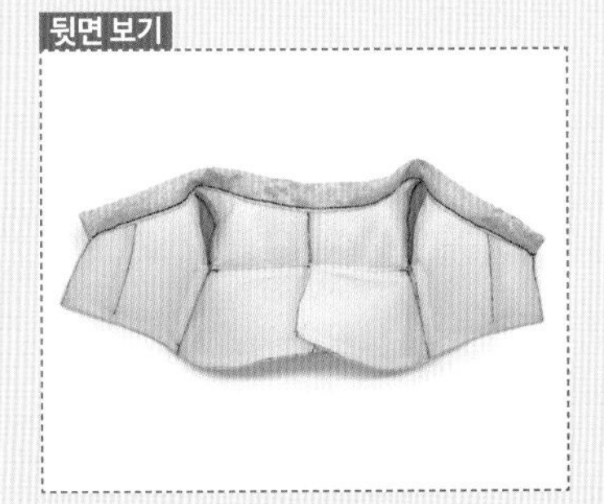

28 옷감 안쪽의 모습.

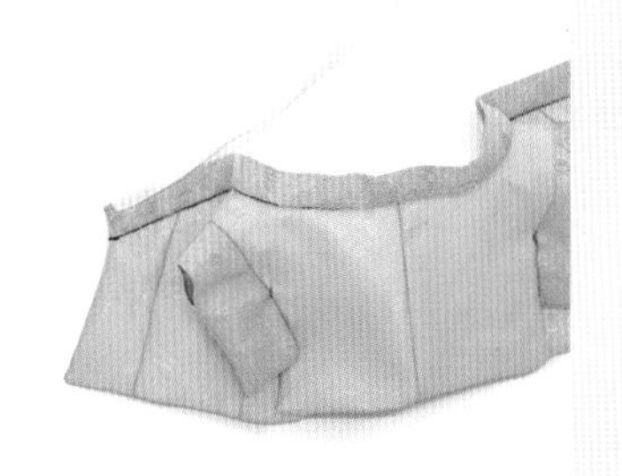

29 끝에 올이 풀리지 않게 처리한 공단 리본을 접어 깃 위를 감싸듯이 박음질한다. 이때 옷감 안쪽에 닿는 면을 1~2mm 길게 접으면 상침이 더 수월하다.

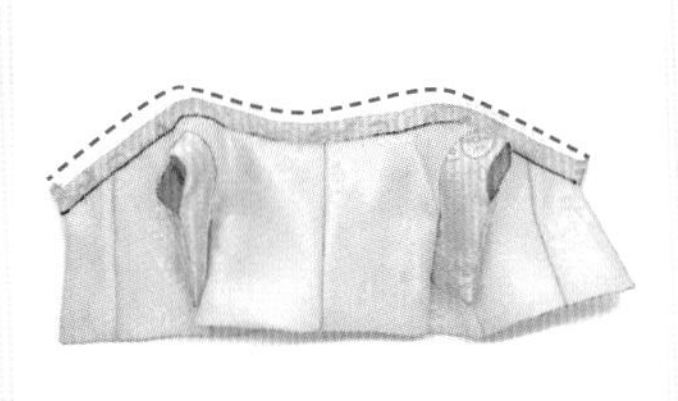

30 반대편 리본의 끝부분도 올이 풀리지 않게 처리한다.(상침을 5cm 가량을 남겨둔 후 리본 끝부분을 라이터 불로 녹여 굳힌다. 이후 상침을 끝까지 진행한다.)

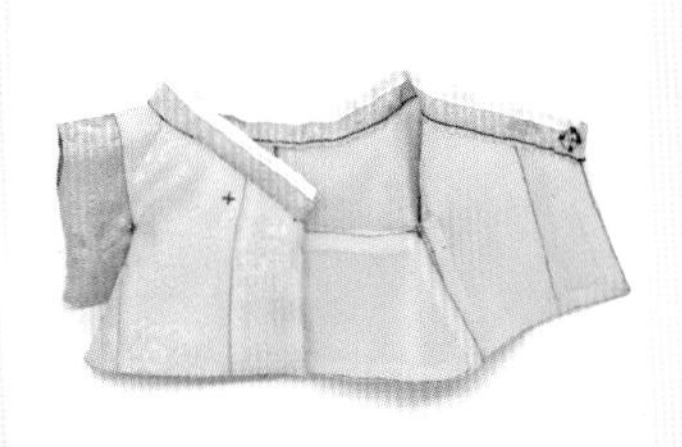

31 스냅단추를 단다.

32 양끝이 마감된 [도포 고름]을 준비한다.(50p 참고)

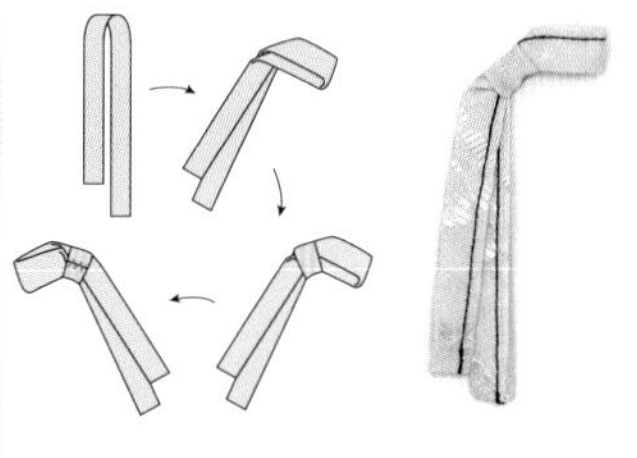

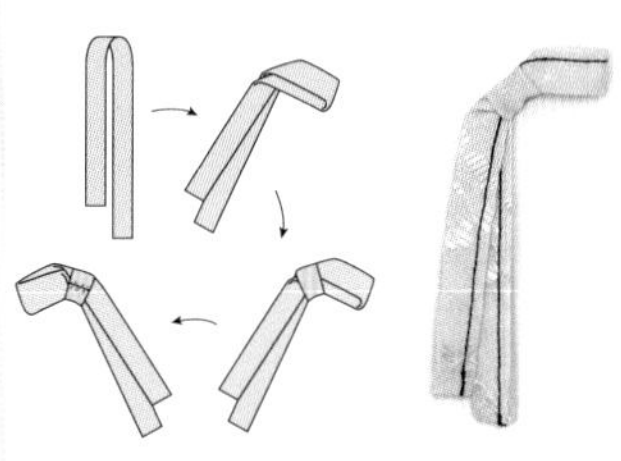

33 위처럼 매듭진 모양으로 만든 후 도포에 꿰매어 단다.

34 도포 완성.

tip » 깃 재단: 숨은 상침을 위해 변형된 바이어스

[도포 깃]은 '바이어스'처럼 몸판에 연결한다.
겉에서 드러나는 땀을 최소화하고 동시에 손바느질을 줄이기 위해 깃을 이미지처럼 재단한다.

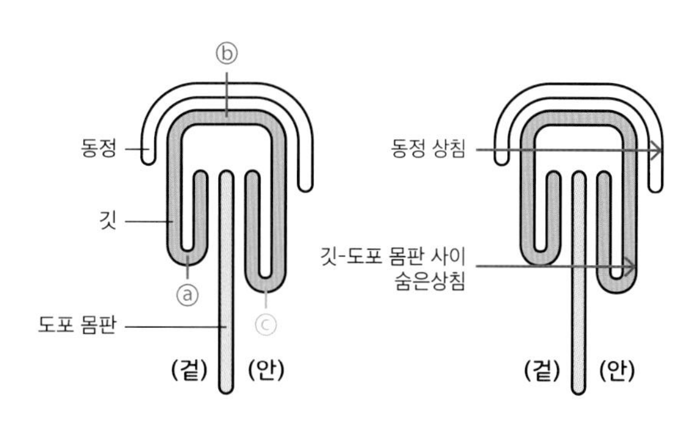

상침을 더 쉽게 하기 위해 안쪽으로 접히는 동정과 깃은 폭을 더 늘린다.

술띠

READY

부자재

꼰세세사 S: 40cm, 22cm, L: 45cm, 28cm

DMC 자수실 S: 5cm로 자른 6가닥 2쌍(총 60cm), L: 7cm로 자른 8가닥 2쌍(총 112cm)

4mm 시드 비즈 4개

HOW TO MAKE

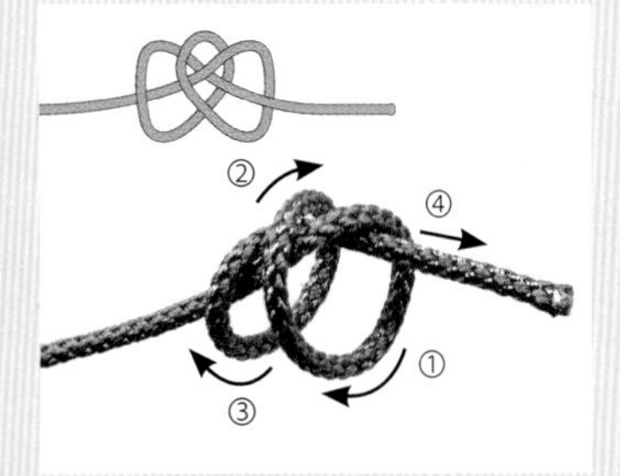

1 길게 자른 끈의 끝을 사진처럼 묶는다. 2개의 원을 만들고 다시 되돌아가 통과하는 모양이다.

2 실 양 끝을 당겨 실 한쪽이 1cm 가량 되도록 조절하며 x자 모양을 만든다.

3 인견사로 만들어진 꼰세세사의 경우 열처리가 불가능하므로 짧게 자르고 순간접착제를 살짝 발라 매듭을 고정한다.

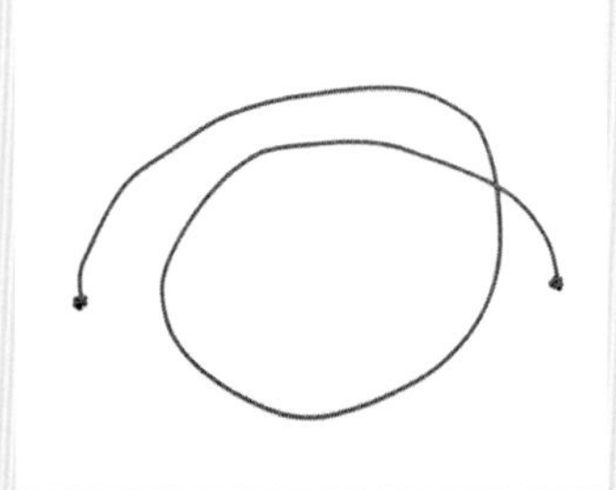

4 같은 방법으로 다른쪽 끝도 매듭짓고 마감한다.

5 한쪽에 매듭을 짓고 반대편 끝을 통과시킨다.

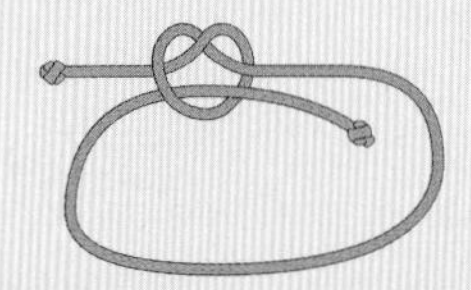

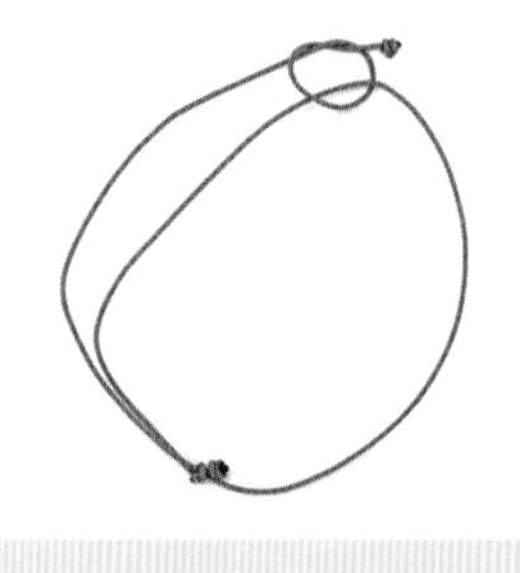

6 반대쪽도 동일하게 묶는다.

7 길이 조절이 되는 띠가 만들어졌다.

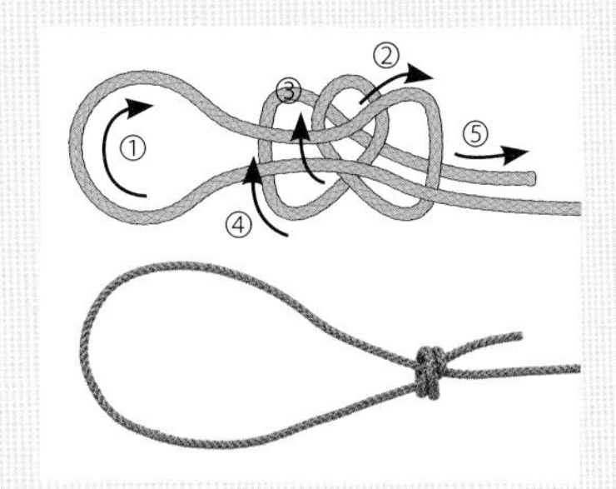

8 짧은 끈 하나를 더 준비한다. 끝에 고리를 만들고 매듭지어 묶는다.

9 장식용 비즈 4알을 끈에 꿰어 넣는다.

10 반대편 끝에도 8과 동일하게 고리를 만들고 매듭지어 묶는다.

11 끈 색상과 비슷한 색상의 자수실을 준비한다.

12 고리에 실을 잘라 끼운 후 고리를 조인다.

13 매듭을 짓고 남은 끈은 짧게 자른 후, 순간접착제를 살짝 발라 매듭을 고정한다. 이때 비즈 1개를 함께 붙이면 더 튼튼하다.

14 비즈 2알을 술쪽으로 보내고 매듭을 만든다.

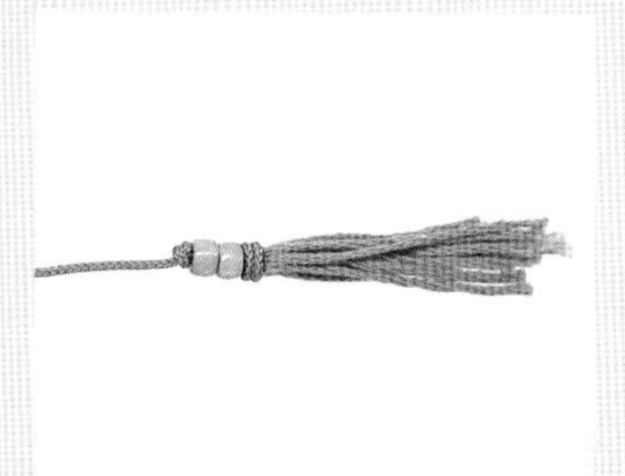

15 이때 매듭이 비즈에 가깝게 묶일수록 예쁘다.

16 반대쪽도 동일하게 진행한다.

17 술과 동일한 색의 실을 바늘에 꿰어 술 안쪽에서 바깥으로 통과시킨다.

18 술의 윗부분을 여러 번 감아 묶는다.

19 술의 밑단을 반듯하게 잘라 정리한다.

20 술이 달린 끈을 반 접어 7의 띠에 한 번 묶는다.

21 남은 끈은 오른쪽에, 술은 왼쪽에 오도록 한다.

22 술띠 완성.

06

특별한 날을 위한 솜뭉치 룩

한복 원피스

솜인형에게 입히기 쉽게 원피스 형태로 변형한 한복입니다. 한복지 대신 일반 원단으로 만들면 생활 한복 느낌으로 코디할 수 있습니다. 한복지로 만드는 경우 홑겹이므로 불투명한 원단(양단, 공단, 모본단 등)을 사용하는 것이 좋습니다. 솜인형을 단아한 아씨로 변신시켜보세요~

READY

옷감

모본단 / 화섬·폴리 양단(연노랑, 빨강)
S: 저고리 1/16마 치마 45×6.4cm,
L: 저고리 1/16마 치마 49×7.4cm

부자재

폭 6mm 양면 무광 주자 리본(백아이보리)
S: 24cm, L: 26cm
스냅 단추 1쌍 S: 5mm 크기, L: 8mm 크기
접착 심지 2장 S: 2.5×8cm, L: 2.5×10cm
끝동 장식: 실크 리본 1cm(화이트) 2개
노리개 장식: DMC 자수실 S: 5cm로 자른 6가닥(총 30cm), L: 7cm로 자른 8가닥(총 56cm)
나비 비즈 1개 , 4mm 시드 비즈 2개, 투명사

HOW TO MAKE

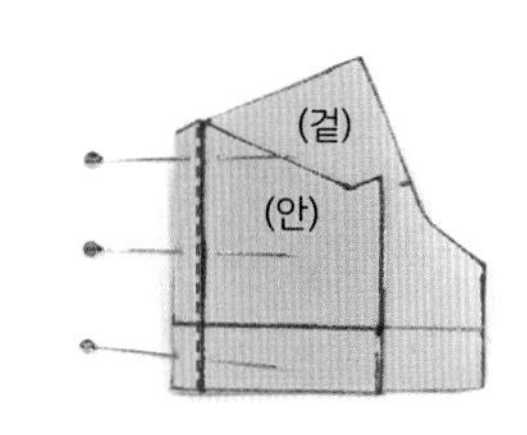

1 [한복 원피스 몸판 F]를 완성선대로 접어 박음질한다.

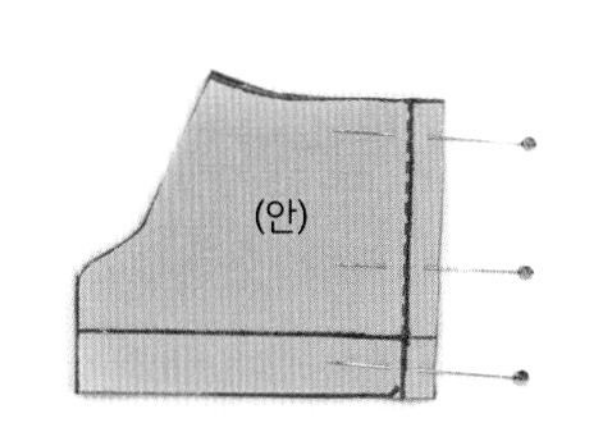

2 [한복 원피스 몸판 B]의 뒷중심선을 완성선대로 접어 박음질한다.

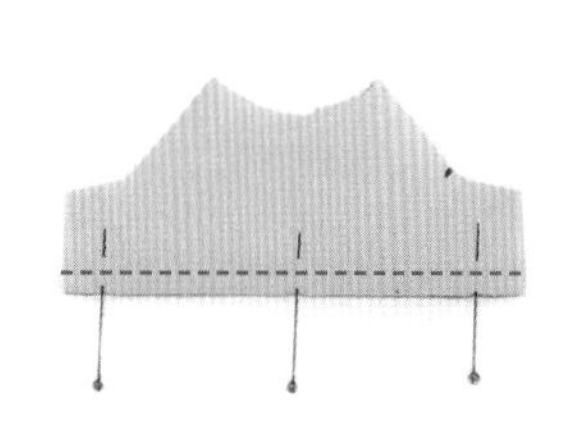

3 [한복 원피스 소매]의 밑단을 완성선대로 접고 상침한다. 이때 실크 리본으로 밑단을 감싸면 끝동처럼 연출할 수 있다.

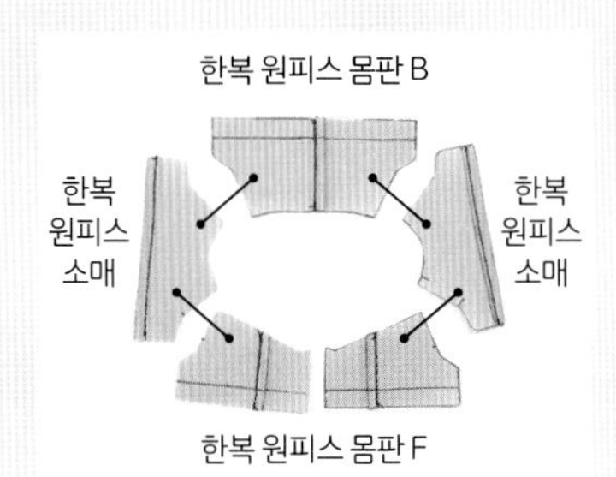

4 [한복 원피스 몸판]과 [한복 원피스 소매]를 연결한다.

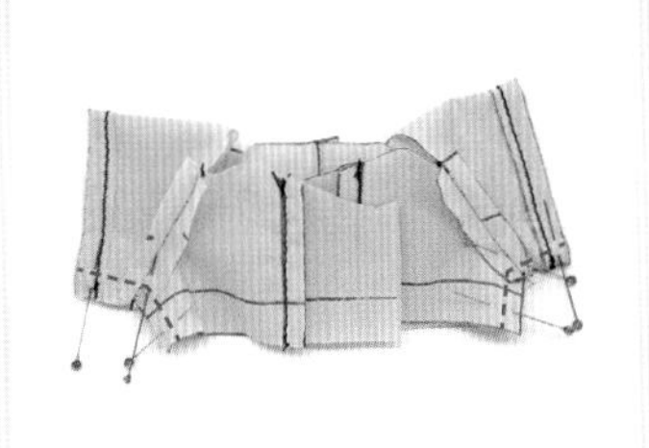

5 옆선을 박음질한다.

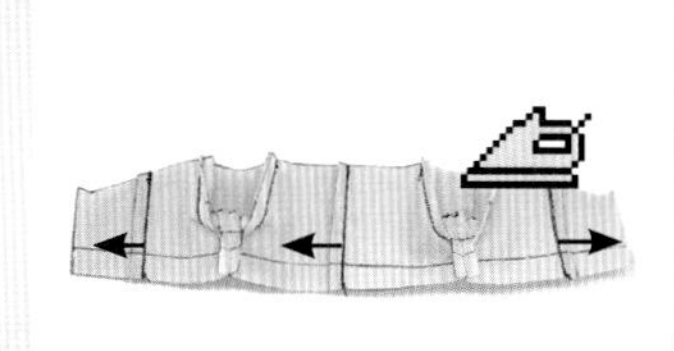

6 옆선의 시접을 가름솔하고 [한복 원피스 몸판 F]의 시접은 모두 바깥쪽 방향으로, [한복 원피스 몸판 B] 뒷중심선의 시접은 왼쪽(입는 입장에서는 오른쪽)으로 접는다.

7 [한복 원피스 치마]는 '민소매 원피스'의 1~3과 동일하게 진행한다. 실제 한복과 비슷하게 만들고 싶다면 손으로 직접 주름을 잡거나 러플러 노루발을 사용한다.

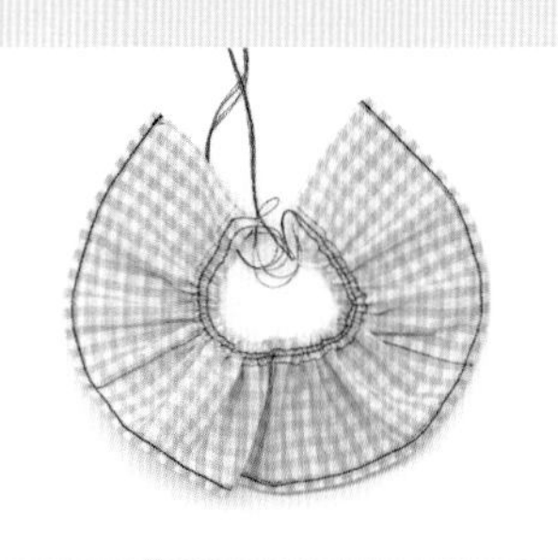

8 밑단을 말아박기한 후 주름을 잡은 모습.

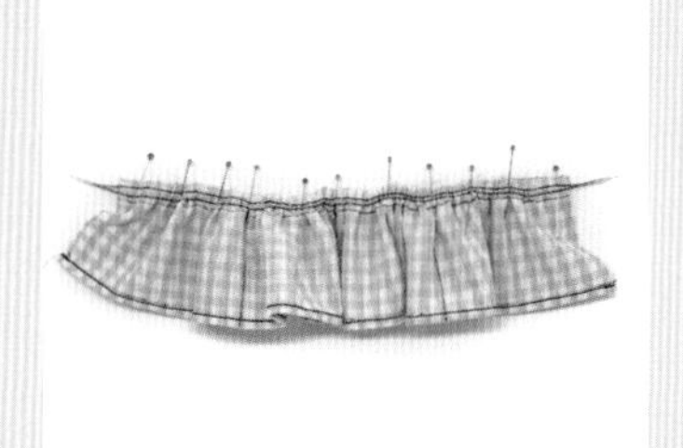

9 [한복 원피스 몸판]과 [한복 원피스 치마]를 완성선대로 시침한다.

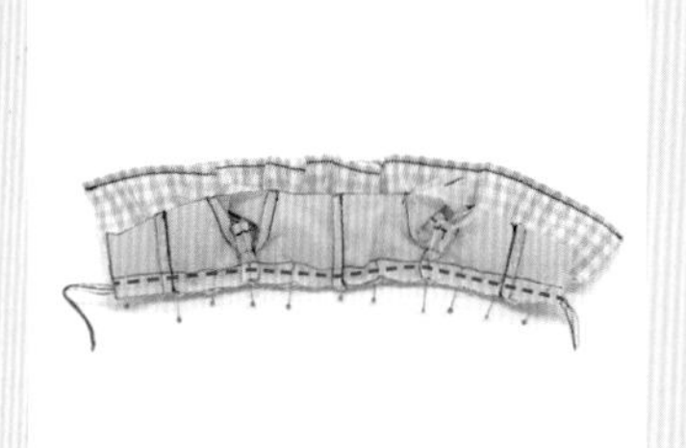

10 완성선을 박음질한다.

11 시접을 몸판쪽으로 올려 접은 후 상침한다.

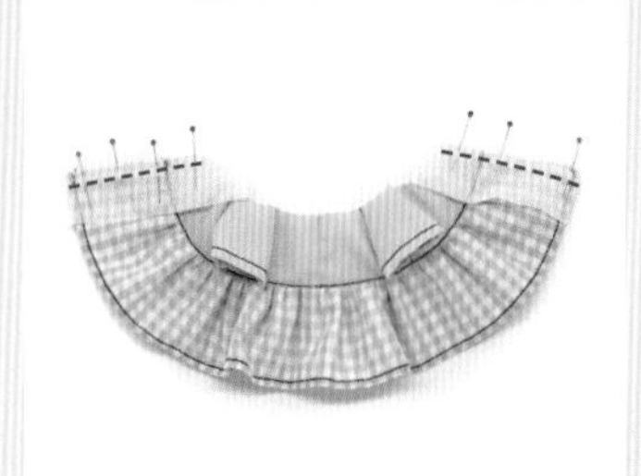

12 양 끝을 완성선대로 접어 상침해도 되지만 접착심지를 덧대면 바늘땀이 보이지 않고 깔끔하다. 접착심지와 [한복 원피스 몸판-치마]를 겉끼리 맞대고 완성선을 박음질한다.

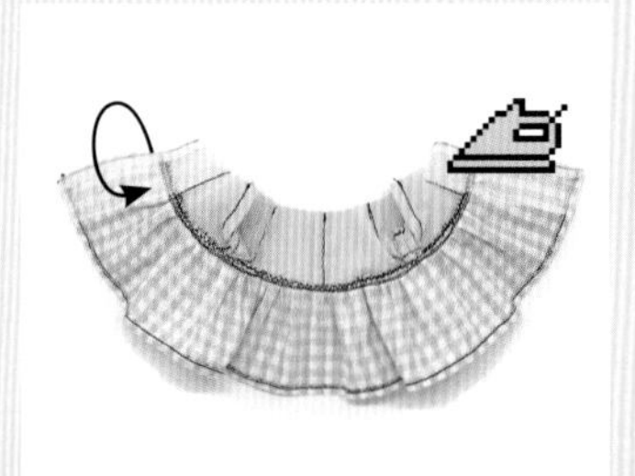

13 시접과 접착심지를 안쪽으로 접고 다림질해 고정한다.

14 양 끝이 마감된 모습.

15 도포 깃과 동일하게 깃을 단다.

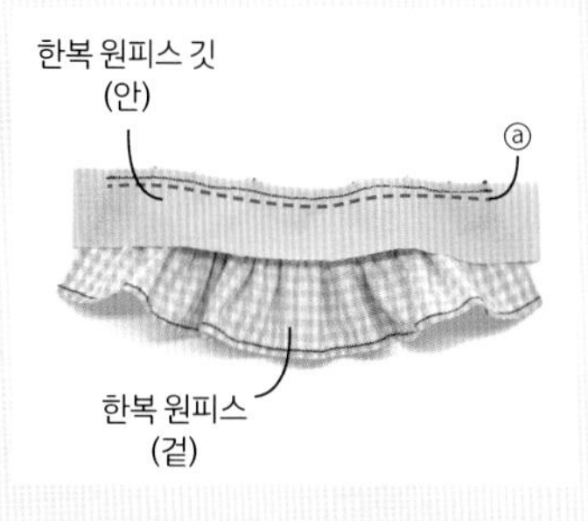

16 [한복 원피스 깃]의 ⓐ선을 박음질한다.

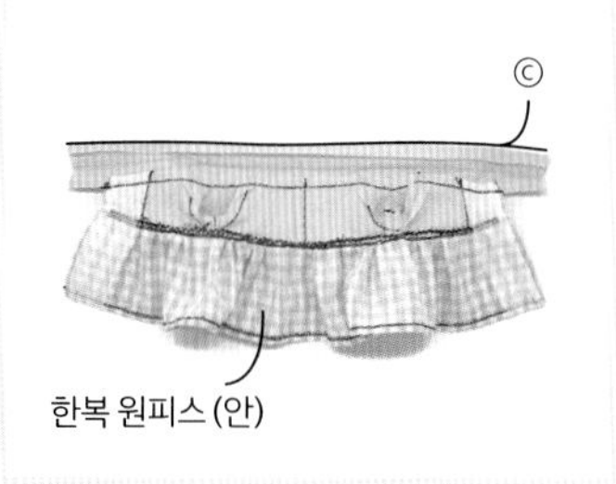

17 깃을 위로 올려 접는다. ⓒ선을 접어둔다.

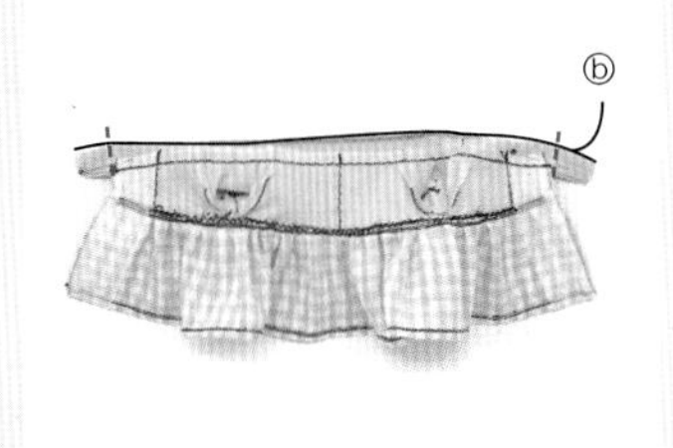

18 ⓑ선을 기준으로 깃의 겉끼리 맞대어 접는다. [한복 원피스 깃]의 ⓑ선을 반대로 접어 [한복 원피스 몸판]이 끝나는 지점을 박음질한다. 남은 깃은 잘라낸다.

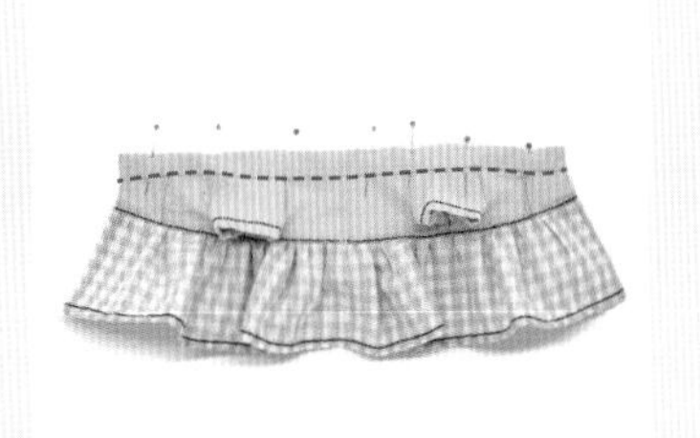

19 옷감의 겉이 보이게 둔다. 안쪽의 깃이 고정되도록 겉면에서 숨은 상침한다.

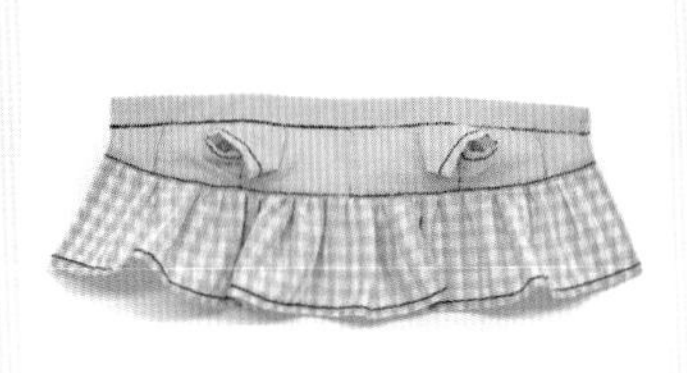

20 이때 원단과 비슷한 색의 얇은 실으로 상침한다. 비슷한 색상을 찾기 어려우면 투명사로 숨은 상침해 겉에서 바늘땀 티가 나지 않게 만든다.

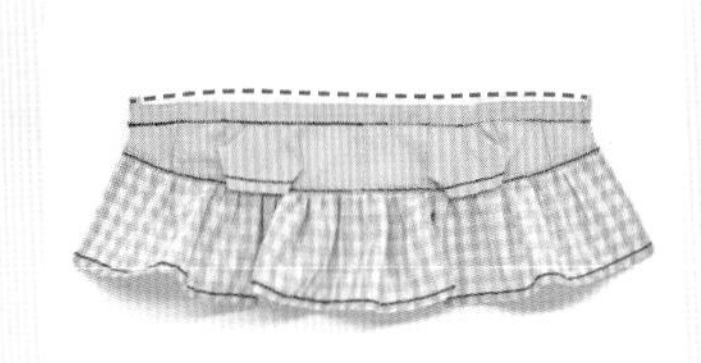

21 도포의 동정과 동일한 방식으로 동정을 단다.

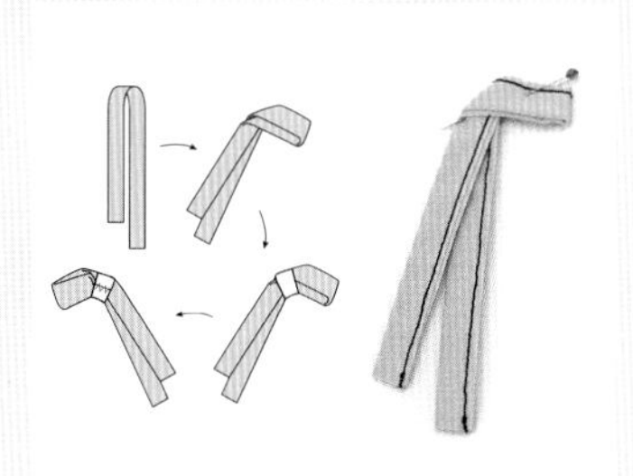

22 도포의 고름과 동일한 방식으로 고름을 만든다.

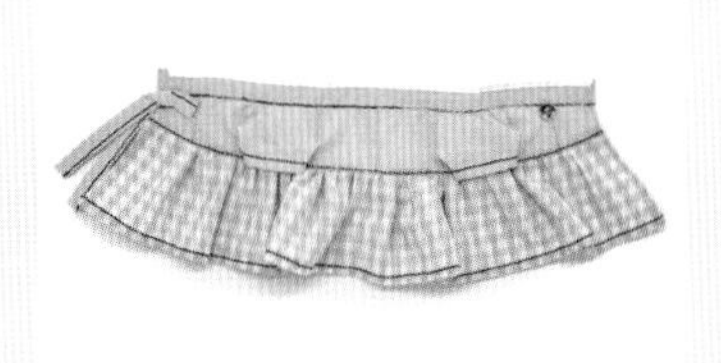

23 고름을 달고 스냅 단추를 단다.

24 한복 원피스 완성. (좌-홈질로 만든 잔주름의 치마, 우-러플러 노루발로 주름을 잡은 치마)

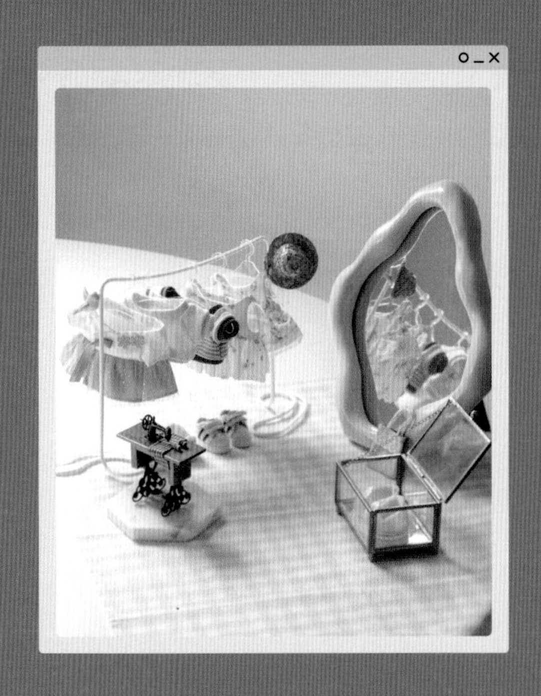

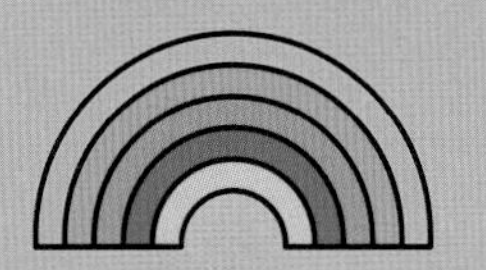

맞춤 도안 만들기

01 맞춤 도안 만들기

솜인형 사이즈 재기

내 솜인형을 위한 맞춤 도안을 만드려면 우선 솜인형의 정확한 사이즈를 알아야 합니다.
내용을 꼼꼼히 읽고 표를 채워 주세요.

솜인형 치수 표

목 둘레(앞+뒤)	cm
목 둘레(앞)	cm
목 둘레(뒤)	cm
배 둘레(앞+뒤)	cm
배 둘레(앞)	cm
배 둘레(뒤)	cm
팔 둘레	cm
다리 둘레	cm
밑위선(앞)	cm
밑위선(뒤)	cm
상체 길이	cm
하체 길이	cm
바지 안솔기선	cm
팔 길이(위)	cm
팔 길이(아래)	cm
겨드랑이~허리선 길이	cm
어깨 너비	cm

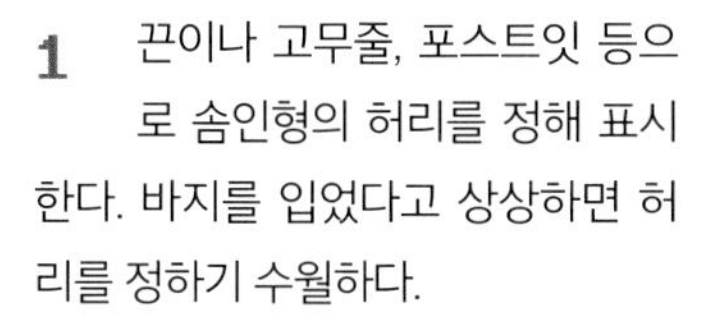

1 끈이나 고무줄, 포스트잇 등으로 솜인형의 허리를 정해 표시한다. 바지를 입었다고 상상하면 허리를 정하기 수월하다.

2 줄자를 이용해 목, 배, 팔, 다리의 둘레를 잰다. 이때 줄자가 인형 몸을 꽉 조이지 않도록 주의한다. 몸 뒷면이 앞면과 다른 경우(엉덩이가 큼, 앞면 목 연결점이 뒷면보다 아래쪽에 위치함 등) 옆 재봉선을 기준으로 뒷면 너비를 따로 재는 것이 좋다.

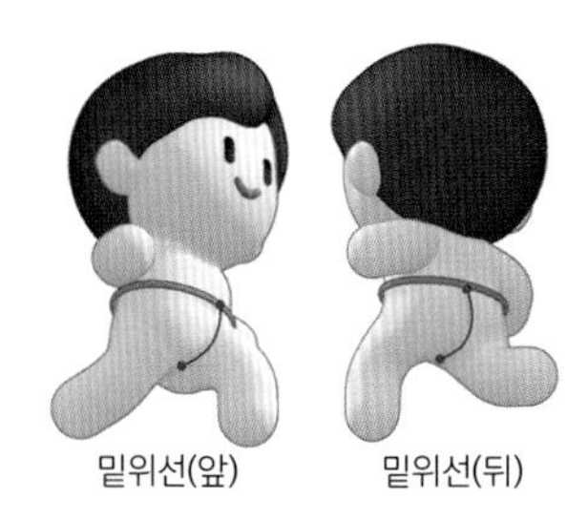

3 밑위선 역시 앞과 뒤를 구분해서 잰다.

4 상체, 하체, 바지 안솔기선, 팔 길이를 잰다.

5 겨드랑이부터 허리선까지의 길이를 잰다.

6 어깨 너비를 잰다. 솜인형은 어깨가 따로 없기 때문에 임의로 어깨를 정해야 한다. 옆선 방향으로 둥글게 휘어지는 구간을 제외하고 평평한 앞면 몸통의 너비를 생각하며 재면 수월하다.

맞춤 도안 만들기

02 기본 상의 패턴 만들기

솜인형의 사이즈를 쟀으면 이제 그 표를 참고해 도안을 그리기 시작합니다. 이때 가파른 곡선과 예각(90도보다 작은 각)이 생기는 것을 최대한 피하면 좋습니다. 패턴을 처음 완성하고 나면 20~30수의 면 원단으로 테스트 작품을 만들어 수정할 부분을 살핀 후 본격적인 작품을 만드는 것을 추천합니다.

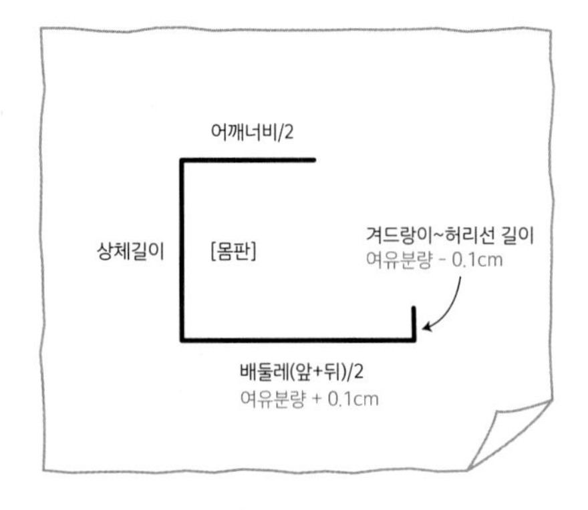

1 작성한 솜인형 치수 표를 참고해 트레이싱지에 몸판 패턴을 그린다.

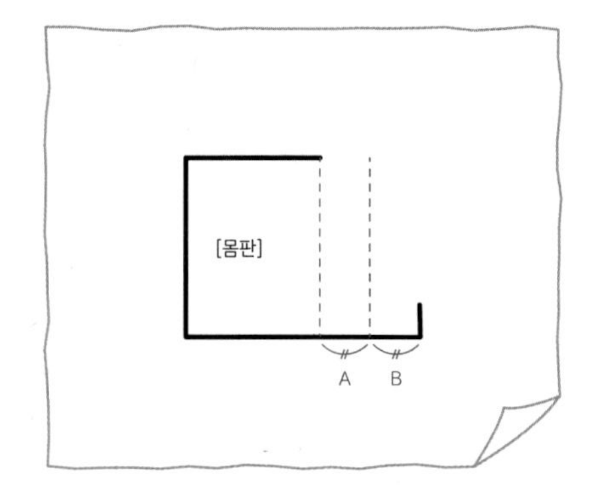

2 아직 선을 잇지 않은 부분의 너비를 절반으로 나누고 보조선을 그린다.

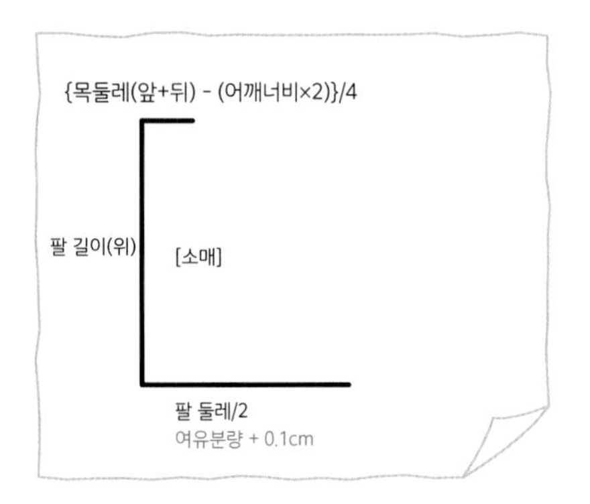

3 다른 종이에 소매 패턴을 그린다. 트레이싱지가 아니어도 괜찮다.

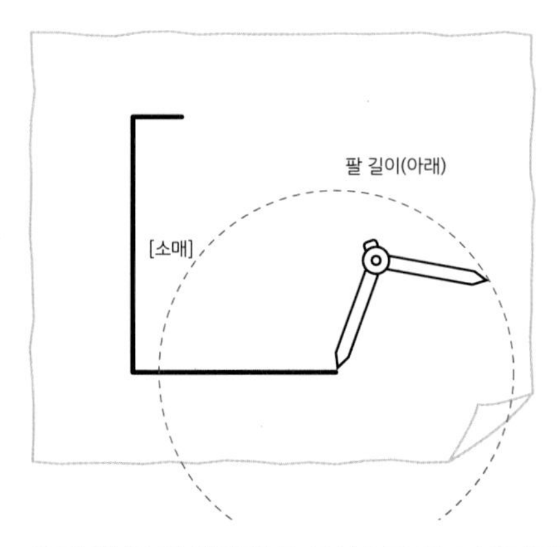

4 끊긴 선 중 긴 선의 끝을 중심으로 하고 반지름을 팔 길이(아래)로 맞춘다. 원을 보조선으로 그린다.

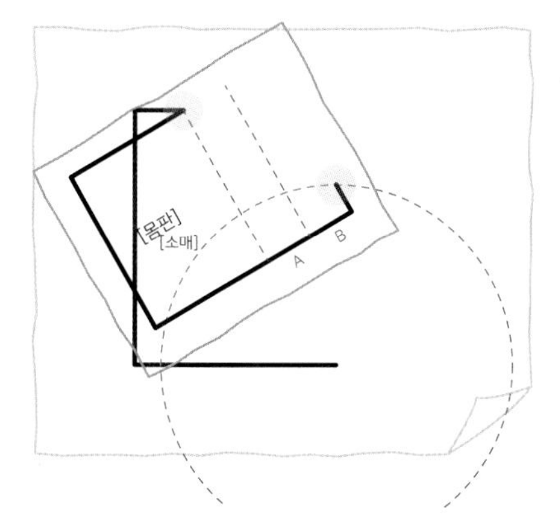

5 그림을 참고해 몸판과 소매를 겹친다.

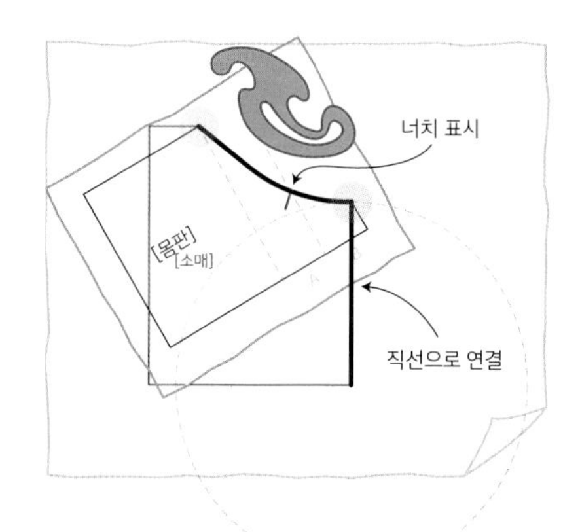

6 몸판의 점을 자연스러운 곡선으로 잇는다. 2에서 표시한 A 구간은 직선에 가깝게, B 구간은 상대적으로 곡선으로 자연스럽게 그린다. 소매 패턴에도 정확히 동일한 곡선을 그리고 그 끝을 남은 꼭지점에 직선으로 잇는다.

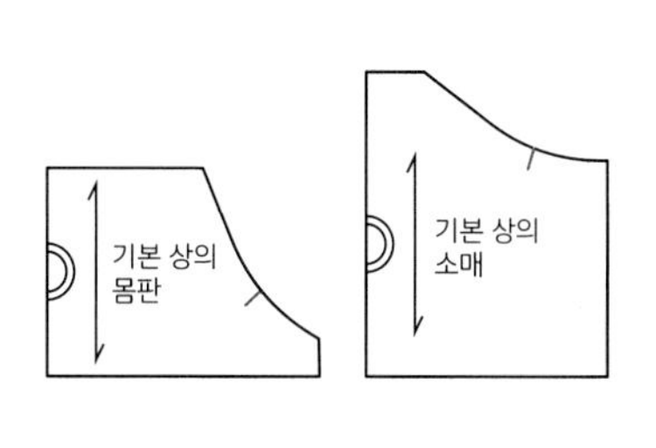

7 '기본 상의 패턴' 완성. 이 패턴을 바탕으로 원하는 디자인으로 수정해 작품을 만든다.

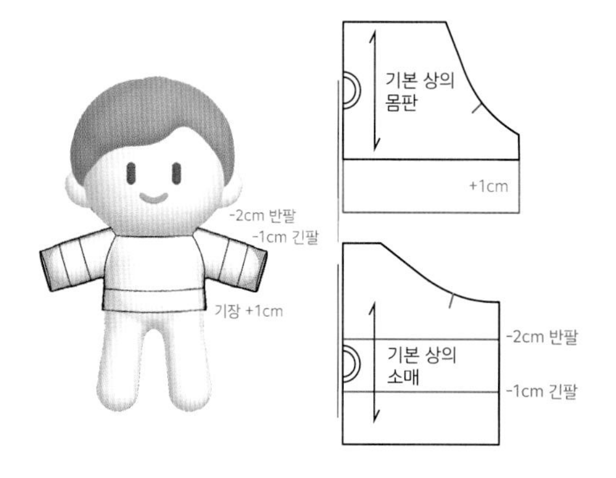

8 기본 상의 패턴의 기장을 줄이거나 늘려 반팔이나 긴팔 소매로 만들 수 있다. 기본 소매 패턴을 기준으로 보통 반팔은 2cm, 긴팔은 1cm를 줄이고 기본 몸판 패턴에서 길이를 1cm 늘린다. 원하는 디자인에 따라 소매는 손을 얼마나 드러낼지 생각하며 줄이고 몸판은 상의가 바지를 어느 정도 덮을 지 판단해 기장을 정한다.

03 맞춤 도안 만들기 래글런 상의 패턴 만들기

'래글런'은 몸판에서 어깨 없이 바로 소매로 이어지는 옷을 말합니다. 기본 상의 패턴에 몸 앞/뒤 치수를 적용해 자연스러운 래글런 상의를 만들 수 있습니다.

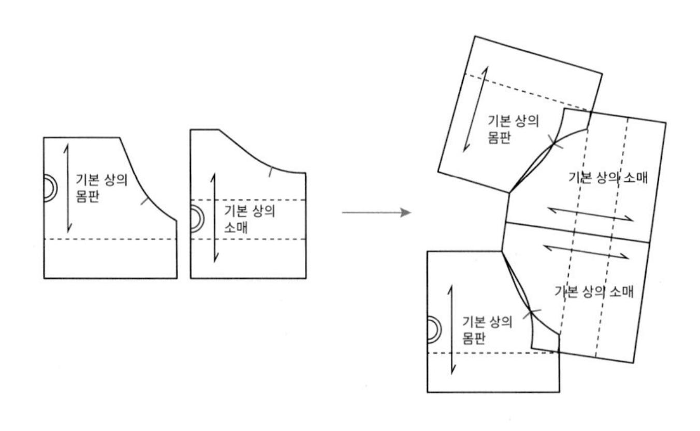

배 둘레(뒤)/2
여유분량 + 0.1cm

배 둘레(앞)/2
여유분량 + 0.1cm

1 기본 상의 패턴을 그림처럼 배치한다.

2 앞, 뒤를 구분해 기본 몸판에 배 둘레 값을 적용한다.

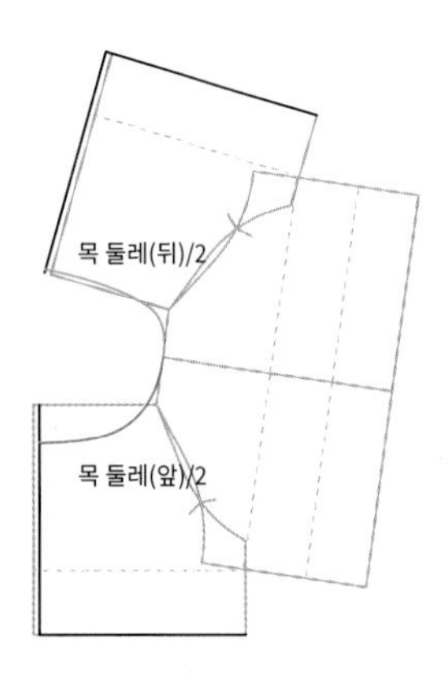

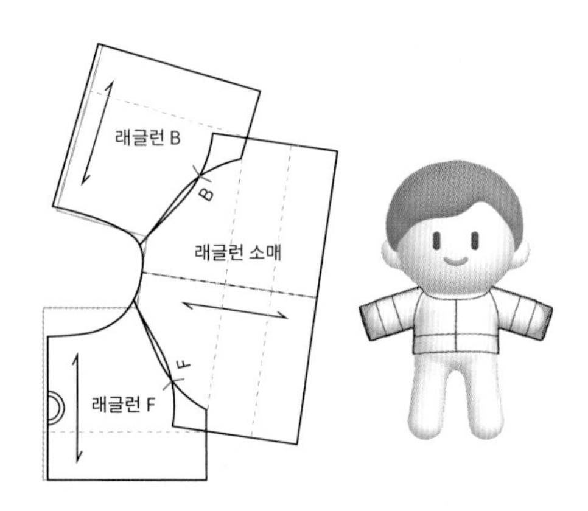

3 기본 몸판에 목 둘레 값을 적용해 자연스러운 곡선으로 수정한다.

4 소매의 선을 수정된 몸판에 맞춰 정리한 후 패턴 기호를 표시한다.

맞춤 도안 만들기

04 셋인 소매 패턴으로 변형하기

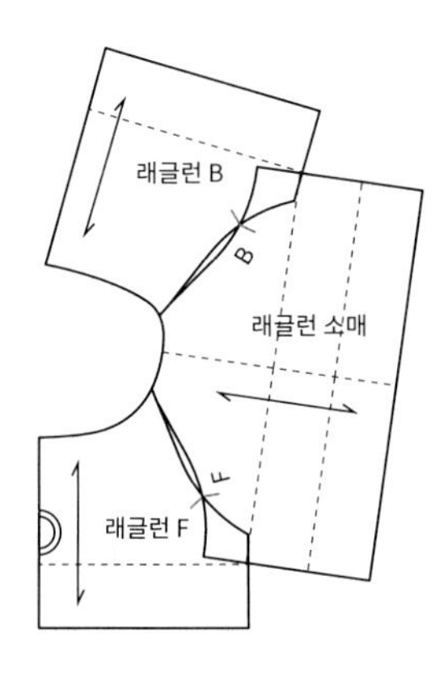

1 래글런 상의 패턴을 그대로 가져온다.

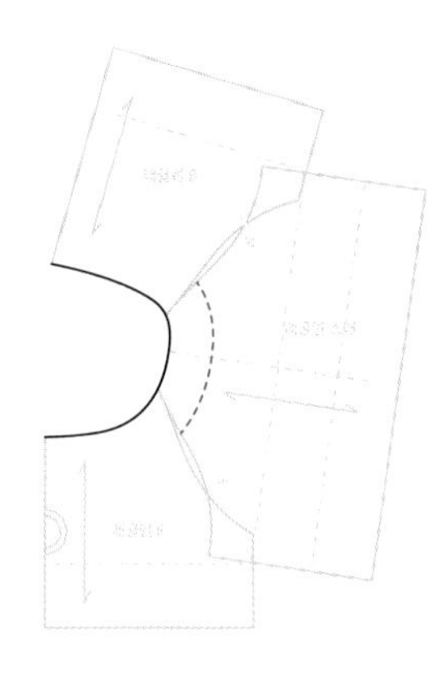

2 목 라인에서 소매 방향으로 7~10mm 지점에 보조선을 그린다.

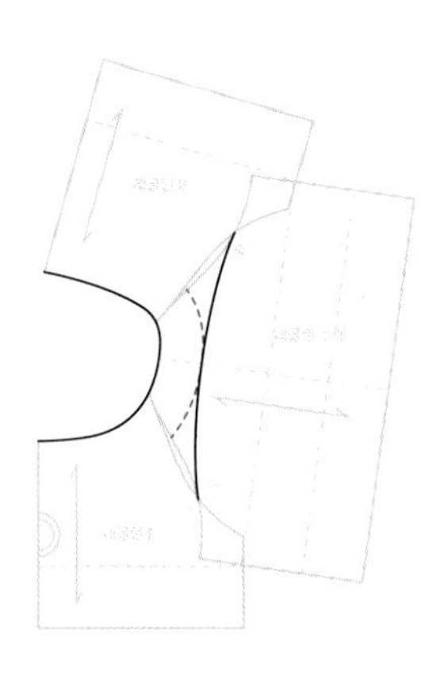

3 소매의 너치를 자연스러운 곡선으로 잇는다. 이때 2의 보조선을 넘어가지 않도록 주의하고 곡선이 소매 중심선을 기준으로 대칭이 되도록 한다.

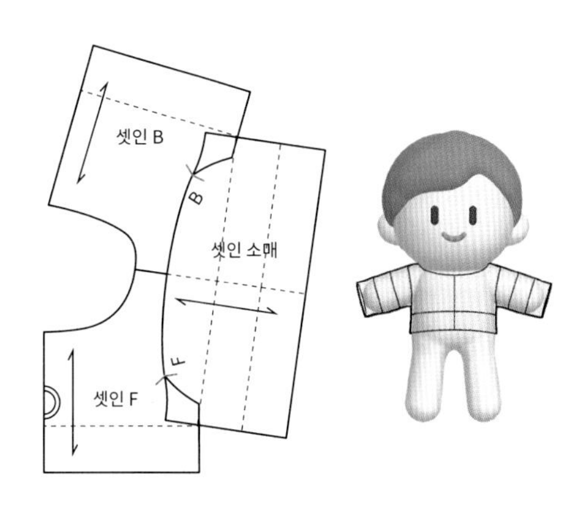

4 소매와 몸판 패턴을 수정한다.

맞춤 도안 만들기

05 기본 바지 패턴 만들기

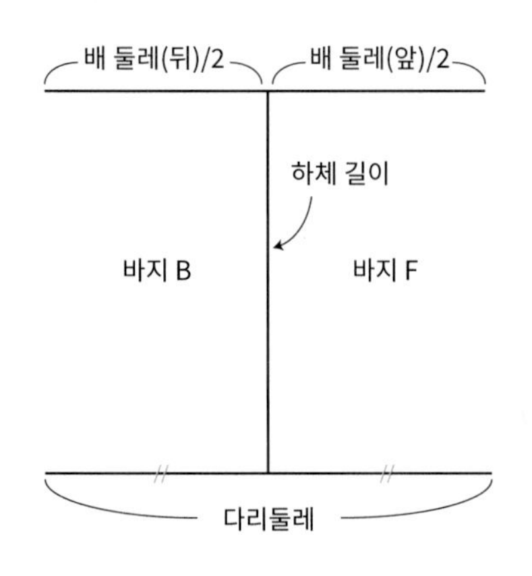

1 솜인형 치수 표를 참고해 그림처럼 패턴을 그린다.

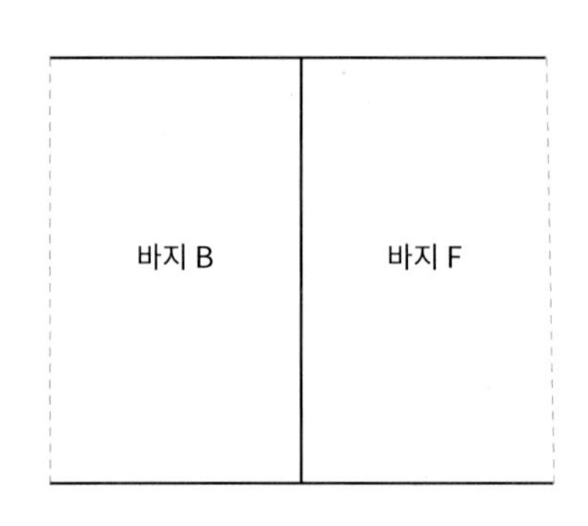

2 위, 아래를 보조선으로 이어 사각형 모양으로 만든다.

3 현재 패턴을 인형에 입힌 모습.

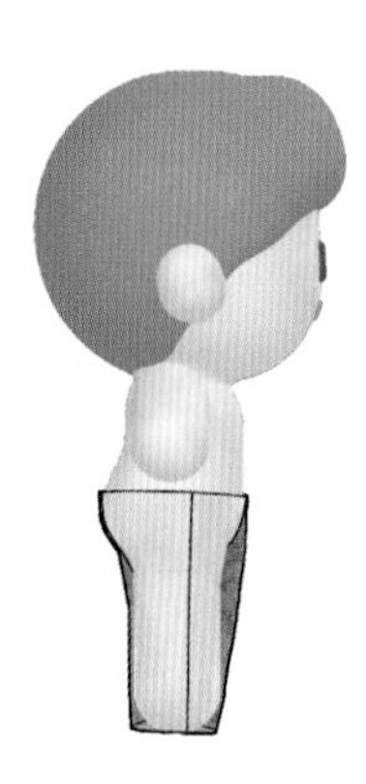

4 옆에서 보면 엉덩이와 배를 편안하게 감싸지 못하고 끝에만 걸쳐져 있다.

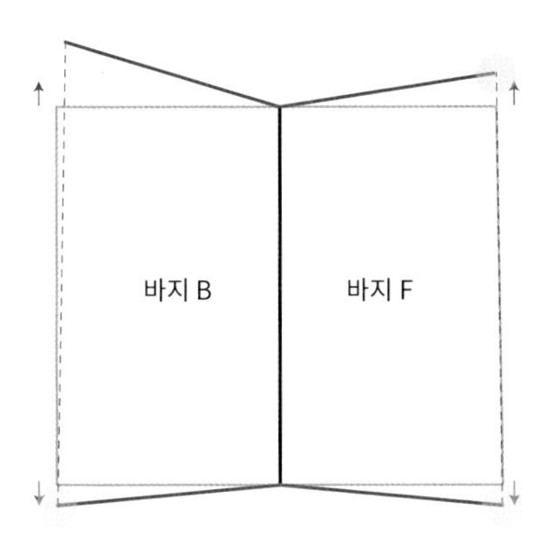

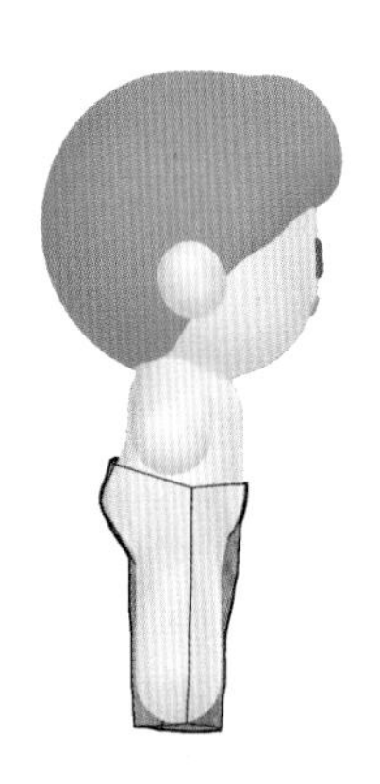

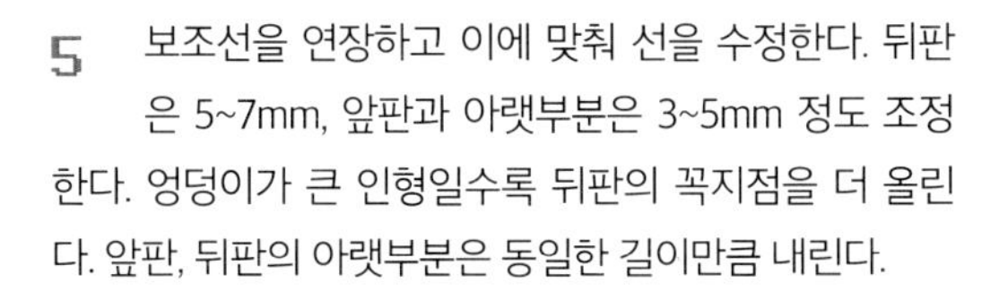

5 보조선을 연장하고 이에 맞춰 선을 수정한다. 뒤판은 5~7mm, 앞판과 아랫부분은 3~5mm 정도 조정한다. 엉덩이가 큰 인형일수록 뒤판의 꼭지점을 더 올린다. 앞판, 뒤판의 아랫부분은 동일한 길이만큼 내린다.

6 수정된 모습. 배와 엉덩이가 안정적으로 덮인다.

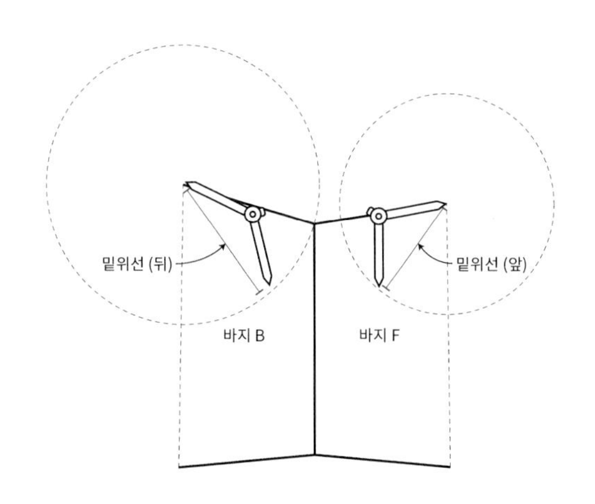

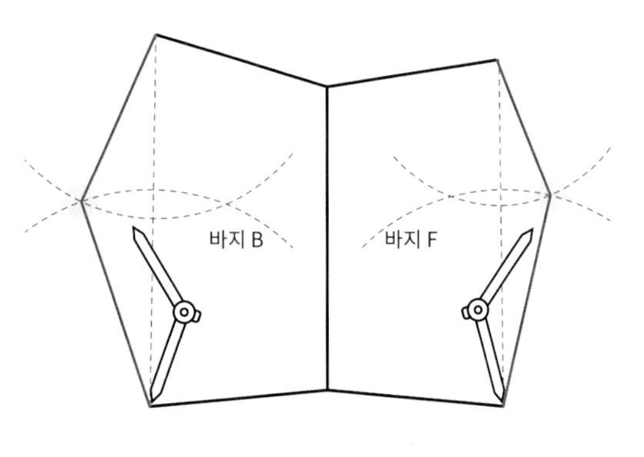

7 허리선 위의 점을 중심으로 밑위선(앞,뒤) 길이가 반지름인 원을 보조선으로 그린다.

8 밑단의 점을 중심으로 바지 안솔기선 길이가 반지름인 원을 보조선으로 그린다. 7에서 그린 원과 패턴 바깥쪽에서 만나는 점을 찾아 그림처럼 잇는다.

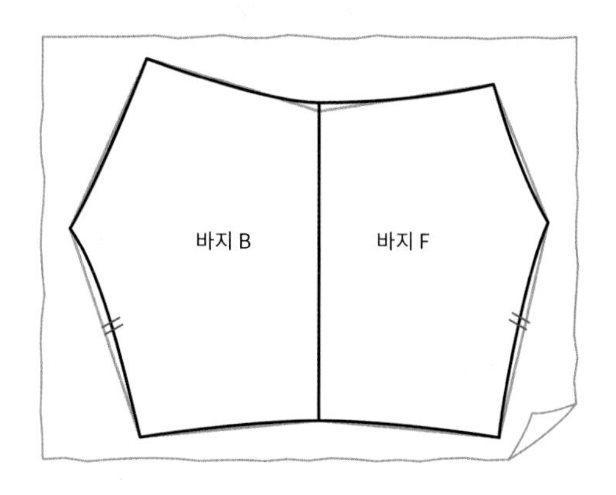

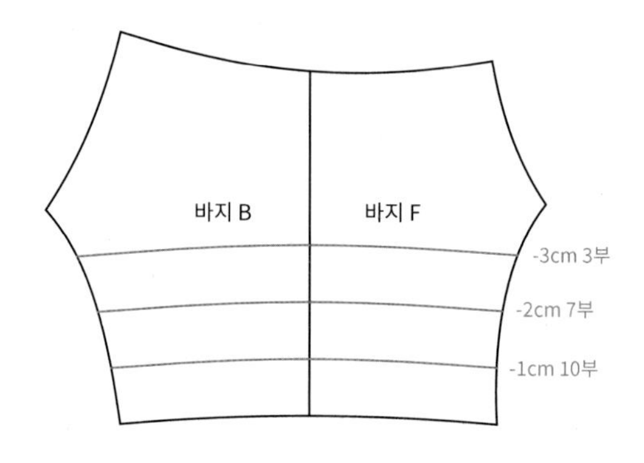

9 트레이싱지를 대고 자연스러운 곡선으로 수정해 그린다. 꼭지점으로 가까워질수록 직각이 되도록 곡선을 그리면 수월하다. 이때 바지 앞, 뒤판의 안솔기선은 서로 박음질되어 겹치는 선이므로 동일한 길이로 그린다.

10 기본 바지 패턴 완성. 기장을 수정해 다양한 길이의 바지를 만들 수 있다.

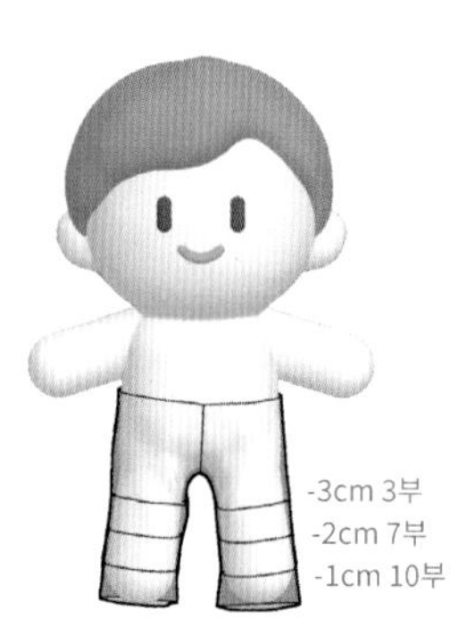

맞춤 도안 만들기

06 패턴 수정하기

기본 패턴으로 테스트 작품을 만들었다면 인형에 입혀 핏을 살펴볼 수 있어요. 직접 입혀 보면 생각한 핏과 달라 수정하고 싶은 부분이 있을 수도 있습니다. 내가 원하는 핏으로 패턴을 수정하는 방법을 몇 가지 소개합니다.

겨드랑이, 옆선에 여유 넣기

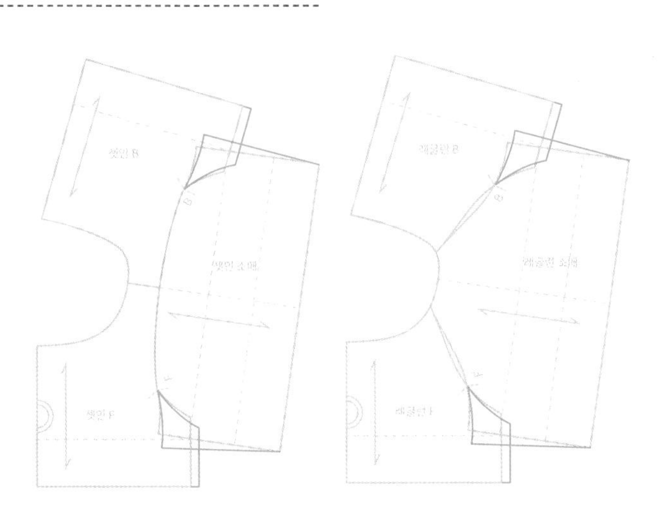

[몸판]의 소매 달리는 끝점을 우측 하단 방향으로 살짝 내려주고 변경된 곡률과 똑같이 [소매]의 너치 이후 곡률도 같이 수정한다.

배 둘레 늘리기

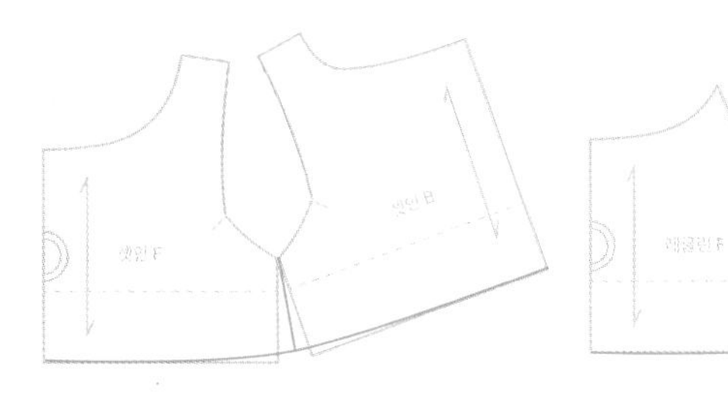

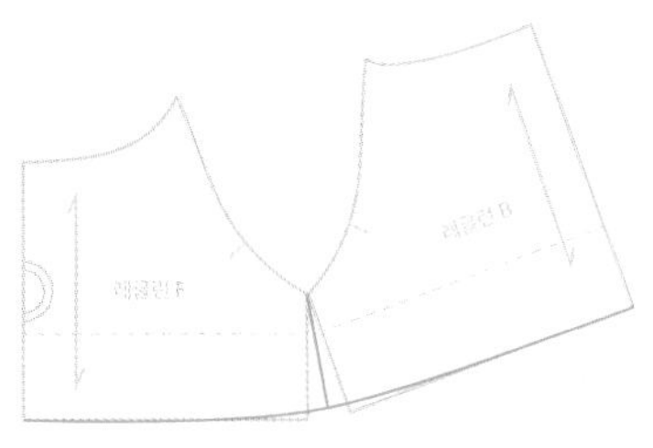

엉덩이나 배가 빵빵한 솜인형을 위해 조금 넉넉한 옷을 만들고 싶을 때 시도할 수 있는 간단한 수정 방법이다. [몸판]의 소매 아래 옆선끼리 댄다. 하단만 벌려 원하는 만큼 여유 분량을 추가한다. 이에 맞춰 옆선을 다시 그리고 몸판 하단을 자연스러운 곡선으로 그린다.

여밈 분량 만들기

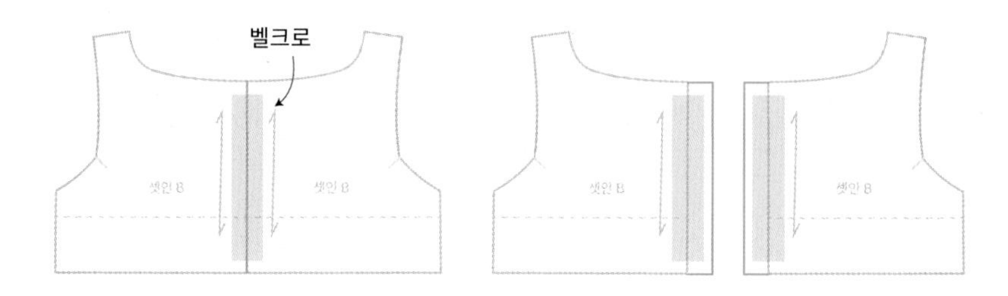

벨크로, 스냅 단추 등 여밈 부분을 추가하고 싶을 때 쓰는 방법이다. 벨크로의 너비가 1cm라고 한다면 양쪽 [몸판]의 여밈 부분을 0.5cm씩 연장해서 그린다.

목선, 팔 각도 보정하기

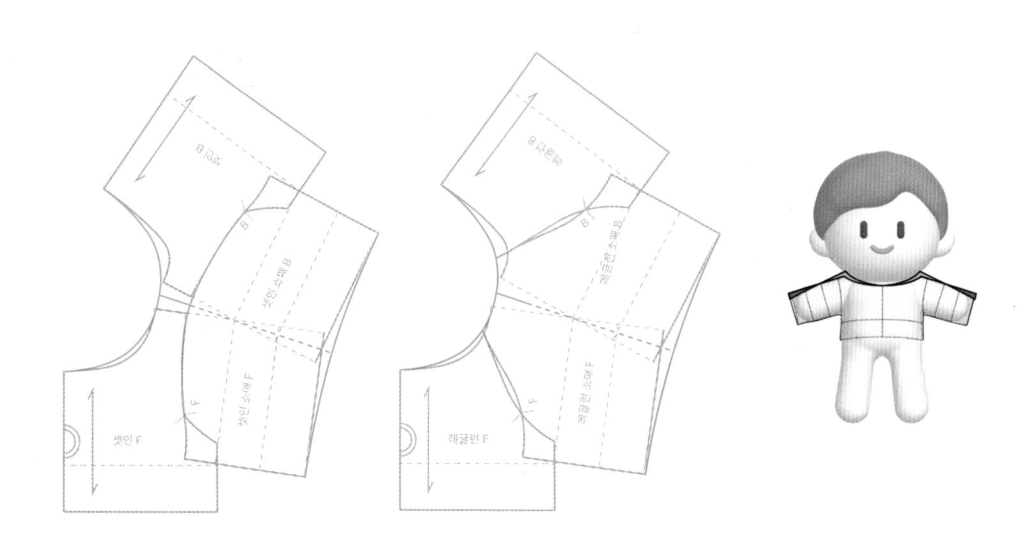

목 부분에 여유가 없어 옷을 입고 벗기기 불편하고 과한 곡선으로 재봉이 어려운 경우, 목선을 완만하게 수정한다. 그림처럼 어깨선~소매중심선을 기준으로 쪼갠 후 벌려 어깨에 여유분을 만든다. 소매중심선의 각도가 줄어들면 팔이 허수아비처럼 들리는 현상이 덜해진다.

실물 크기 패턴 일람표

패턴 제작에 참고한 솜인형 사이즈

S(15cm) 사이즈 솜인형 치수	
목 둘레(앞+뒤)	14.6cm
목 둘레(앞)	7.3cm
목 둘레(뒤)	7.3cm
배 둘레(앞+뒤)	16cm
배 둘레(앞)	8cm
배 둘레(뒤)	8cm
팔 둘레	6.5cm
다리 둘레	7cm
밑위선(앞)	3.5cm
밑위선(뒤)	4.5cm
상체 길이	3cm
하체 길이	6cm
바지 안솔기선	4.5cm
팔 길이(위)	4.3cm
팔 길이(아래)	3.5cm
겨드랑이~허리선 길이	1cm
어깨 너비	5cm

L(20cm) 사이즈 솜인형 치수	
목 둘레(앞+뒤)	16cm
목 둘레(앞)	8.5cm
목 둘레(뒤)	7.5cm
배 둘레(앞+뒤)	20cm
배 둘레(앞)	9.8cm
배 둘레(뒤)	10.2cm
팔 둘레	7cm
다리 둘레	8cm
밑위선(앞)	5cm
밑위선(뒤)	4.7cm
상체 길이	4cm
하체 길이	8cm
바지 안솔기선	5.2cm
팔 길이(위)	5.5cm
팔 길이(아래)	4cm
겨드랑이~허리선 길이	1cm
어깨 너비	5.5cm

의상명	패턴 개수	패턴명	시접양 및 추가 설명
라운드 티	4	• 라운드 티 몸판 F • 라운드 티 몸판 B • 라운드 티 소매 • 라운드 티 안감	• 몸판과 소매의 밑단: 7mm • 안감의 연결선을 제외한 테두리: X (완성선으로 재단 후, 올풀림 방지 처리하여 사용) • 그 외: 5mm
바지	1	• 바지	• 허리선, 밑단: 7mm • 그 외: 5mm
고무줄 바지	1	• 고무줄 바지	• 고무줄을 넣을 허리선과 밑단: 10mm • 그 외: 5mm
민소매 원피스	2	• 민소매 원피스 몸판 겉감, 안감 • 민소매 원피스 치마	• 몸판 겉감과 치마 연결선, 안감 밑단, 치마 밑단: 7mm • 그 외: 5mm
셔츠	4	• 셔츠 몸판 F • 셔츠 몸판 B • 셔츠 소매 • 셔츠 칼라	• 몸판 밑단, 소매 밑단: 7mm • 몸판 F 안단 겸 여밈 부분: 25mm(S), 30mm(L) • 그 외: 5mm
맨투맨	5	• 맨투맨 몸판 F • 맨투맨 몸판 B • 맨투맨 소매 • 맨투맨 소매 시보리 • 맨투맨 목, 허리 시보리	• 몸판과 소매의 목선, 밑단: 7mm • 시보리감: X (완성선으로 재단) • 그 외: 5mm • 목선과 밑단에 시보리를 연결하지 않는 경우, 7mm 연장해 재단하세요.
퍼프 맨투맨	5	• 퍼프 맨투맨 몸판 F • 퍼프 맨투맨 몸판 B • 퍼프 맨투맨 소매 • 퍼프 맨투맨 소매 시보리 • 퍼프 맨투맨 목, 허리 시보리	• 몸판과 소매의 목선, 밑단: 7mm • 시보리감: X (완성선으로 재단) • 그 외: 5mm • [맨투맨] 에서 몸판 밑단의 둘레, 소매 밑단 둘레, 소매 길이를 늘린 패턴. [맨투맨]보다 더 봉긋한 실루엣을 원한다면 이 패턴을 사용해보세요. 시보리 원단을 미리 늘려보고 신축성이 부족한 경우, 폭을 수정하는 것이 좋습니다. • 목선과 밑단에 시보리를 연결하지 않는 경우, 7mm 연장해 재단하세요.
후드티	8	• 후드티 후드 겉감, 안감 • 후드티 몸판 F • 후드티 몸판 B • 후드티 소매 • 후드티 주머니 • 후드티 장식용후드 겉감, 안감 • 후드티 소매 시보리 • 후드티 허리 시보리	• 몸판과 소매의 밑단: 7mm • 시보리감: X (완성선으로 재단) • 그 외: 5mm • 밑단에 시보리를 연결하지 않는 경우, 7mm 연장해 재단하세요.
멜빵바지	6	• 멜빵바지 • (앞중심선 기준으로 절개된)멜빵바지 • 멜빵바지 몸판 겉감, 안감 • 멜빵바지 주머니 • 멜빵바지 허리 • 멜빵바지 멜빵끈	• 허릿감과 끈: X (완성선으로 재단) • 바지 밑단: 7mm • 그 외: 5mm • 앞중심선을 기준으로 절개한 바지 패턴을 추가했습니다.

의상명	패턴 개수	패턴명	시접양 및 추가 설명
테니스 스커트	2	• 테니스 스커트 치마 • 테니스 스커트 허리	• 허릿감: X (완성선으로 재단) • 치마 밑단: 7mm • 그 외: 5mm
스타디움 재킷	7	• 스타디움 재킷 몸판 F • 스타디움 재킷 몸판 B • 스타디움 재킷 소매 • 스타디움 재킷 소매 시보리 • 스타디움 재킷 목 시보리 • 스타디움 재킷 주머니 • 스타디움 재킷 밑단 시보리	• 몸판과 소매의 목선, 밑단: 7mm • 시보리감: X (완성선으로 재단) • 그 외: 5mm • 시보리를 연결하지 않는 경우, 7mm 연장해 재단하세요.
야구 모자	5	• 야구 모자 F 겉감, 안감 • 야구 모자 B 겉감, 안감 • 야구 모자 챙 겉감, 안감 • 야구 모자 백 스트랩 • 16mm 싸개 단추	• 야구모자 백 스트랩, 접착심지, 싸개 단추: X (완성선으로 재단) • 야구모자 챙, F, B: 7mm
세라 칼라 상의	4	• 세라 칼라 상의 몸판 F • 세라 칼라 상의 몸판 B • 세라 칼라 상의 소매 • 세라 칼라 상의 칼라 겉감, 안감	• 몸판과 소매의 밑단: 7mm • 몸판 F의 안단 겸 여밈: 20mm • 그 외: 5mm
분리형 세라 칼라	1	• 분리형 세라 칼라 겉감, 안감	• 모두: 5mm
베레모	2	• 베레모 F 겉감, 안감 • 베레모 B 겉감, 안감	• 모두: 5mm
양면 털조끼	2	• 양면 털조끼 몸판 겉감, 안감 • 양면 털조끼 주머니	• 모두: 5mm
귀도리	3	• 귀도리 겉감, 안감 • 귀도리 끈1 • 귀도리 끈2	• 끈: X (완성선으로 재단) • 그 외: 5mm
넥폴라티	4	• 넥폴라티 칼라 • 넥폴라티 몸판 F • 넥폴라티 몸판 B • 넥폴라티 소매	• 몸판과 소매의 밑단: 7mm • 그 외: 5mm
코트	9	• 코트 몸판 F 겉감, 안감 • 코트 몸판 B 겉감, 안감 • 코트 뒷날개 • 코트 소매 F 겉감 • 코트 소매 B 겉감 • 코트 소매 안감 • 코트 소매 장식 • 코트 칼라 겉감, 안감 • 코트 주머니 겉감, 안감	• 코트 소매 장식: X (완성선으로 재단) • 그 외: 5mm

의상명	패턴 개수	패턴명	시접양 및 추가 설명
정장 재킷	9	• 정장 재킷 몸판 F • 정장 재킷 몸판 B • 정장 재킷 주머니 겉감, 안감 • 정장 재킷 소매 • 정장 재킷 안감 • 정장 재킷 칼라 겉감, 안감 • (짧은 기장)정장 재킷 몸판 F • (짧은 기장)정장 재킷 몸판 B • (짧은 기장)정장 재킷 안감	• 겉감과 연결선을 제외한 안감의 테두리: X (완성선으로 재단 후 올풀림 방지 처리) • 몸판과 소매, 안감의 밑단: 7mm • 그 외: 5mm • 기본 기장에서 1cm(S), 1.5cm(L) 줄인 짧은 기장의 패턴을 추가했습니다.
러블리 드레스	7	• 러블리 드레스 몸판 • 러블리 드레스 소매 • 러블리 드레스 커프스 • 러블리 드레스 치마 F • 러블리 드레스 치마 B • 러블리 드레스 칼라 겉감, 안감 • 러블리 드레스 밑단 프릴	• 모두: 5mm
보닛	3	• 보닛 겉감, 안감 • 보닛 프릴 • 보닛 7mm 바이어스	• 바이어스감, 접착심지 / 솜: X (완성선으로 재단) • 그 외: 5mm • 테두리를 바이어스로 마감하는 경우, [보닛 겉감, 안감]을 완성선으로 재단하세요. • 겉감과 안감을 연결하여 창구멍을 통해 뒤집는 방식으로 테두리를 봉제하는 경우, [보닛 겉감, 안감]을 시접선으로 재단하세요.
산타 모자	3	• 산타 모자 • 산타 모자 털 장식 • 산타 모자 방울	• 털 장식, 방울: X (완성선으로 재단) • 그 외: 5mm
산타 상의	5	• 산타 상의 몸판 F • 산타 상의 몸판 B • 산타 상의 털 장식 • 산타 상의 소매 • 산타 상의 소매 털 장식	• 털 장식: X (완성선으로 재단) • 그 외: 5mm
산타 바지	2	• 산타 바지 • 산타 바지 털 장식	• 고무줄을 넣을 허리선: 10mm • 털 장식: X (완성선으로 재단) • 그 외: 5mm
도포	7	• 도포 몸판 겉감 • 도포 몸판 안감 • 도포 소매 겉감, 안감 • 도포 무 겉감, 안감 • 도포 깃 • 도포 고름 매듭 • 도포 고름	• 깃, 고름: X (완성선으로 재단) • 그 외: 5mm
한복 원피스	7	• 한복 원피스 몸판 F • 한복 원피스 몸판 B • 한복 원피스 소매 • 한복 원피스 치마 • 한복 원피스 깃 • 한복 원피스 고름 매듭 • 한복 원피스 고름	• 깃: X (완성선으로 재단) • 소매와 치마 밑단, 치마 연결선: 7mm • 그 외: 5mm